Lars Müller

Fisch und Meeresfrüchte verarbeiten, haltbarmachen und vermarkten

stv

Lars Müller

Fisch und Meeresfrüchte

verarbeiten, haltbarmachen und vermarkten

DAS Handbuch für Produzenten, Händler & Genießer

Leopold Stocker Verlag
Graz – Stuttgart

Umschlaggestaltung:
DSR Werbeagentur Rypka GmbH, 8143 Dobl/Graz, www.rypka.at
Titelbilder: iStock.com/AlexRaths: oben; Lars Müller: unten.

Bildnachweis: free images: S. 114 , 116 re, 152; Wolfgang Hauer: S. 57; iStock/dulezidar: S. 117. 3. v. o, iStock/masaltof: S. 139
Alle anderen Bilder wurden dem Verlag freundlicherweise von dem Autor zur Verfügung gestellt.

Bibliografische Information der Deutschen Nationalbibliothek
Die Deutsche Nationalbibliothek verzeichnet diese Publikation in der Deutschen Nationalbibliografie; detaillierte bibliografische Daten sind im Internet unter http://dnb.d-nb.de abrufbar.

Hinweis: Dieses Buch wurde auf chlorfrei gebleichtem Papier gedruckt. Die zum Schutz vor Verschmutzung verwendete Einschweißfolie ist aus Polyethylen chlor- und schwefelfrei hergestellt. Diese umweltfreundliche Folie verhält sich grundwasserneutral, ist voll recyclingfähig und verbrennt in Müllverbrennungsanlagen völlig ungiftig.

Auf Wunsch senden wir Ihnen gerne kostenlos unser Verlagsverzeichnis zu:
Leopold Stocker Verlag GmbH
Hofgasse 5/Postfach 438
A-8011 Graz
Tel.: +43 (0)316/82 16 36
Fax: +43 (0)316/83 56 12
E-Mail: stocker-verlag@stocker-verlag.com
www.stocker-verlag.com

ISBN 978-3-7020-1864-1

Layout und Repro: DSR Werbeagentur Rypka GmbH, 8143 Dobl/Graz
Druck: Finidr, s.r.o., Tschechische Republik

INHALT

FRISCHEKRITERIEN BEI SÜSS- UND SALZWASSERFISCHEN

„Frische beim Fisch? Nicht schon wieder ...!"

Geht es in den Medien in irgendeiner Form um Fisch, ist zumindest ein Teil des Beitrags garantiert den Frischekriterien gewidmet.

Aber auch wenn's nervt – Frische ist zu Recht ein Thema, denn bei einem so hochwertigen und gleichzeitig hoch verderblichen Lebensmittel, wie Fisch und v. a. Meeresfrüchte es sind, kommen wir um die Frischekriterien einfach nicht herum.

Und vielleicht gelingt es mir ja, auch dem erfahrenen Leser zu diesem Thema noch einen Wissenszugewinn zu bieten.

DIE FRISCHE EINES PRODUKTES IST EIN ENTSCHEIDENDES QUALITÄTSMERKMAL

Aussehen, Konsistenz, Geruch, Form und Farbe der Ware werden bewertet und beeinflussen in besonderem Maße den Marktwert und die Kaufentscheidung! Sichere Kenntnisse bei der Beurteilung der Frische sind ein wirtschaftlich entscheidender Faktor für alle Marktbeteiligten.

Die Bewertung der Frische bei Fischereierzeugnissen erfolgt sensorisch. Eine mögliche Bewertungsgrundlage kann hier das so genannte Karlsruher Schema bieten, welches in eine Skala von 1 (sehr schlecht) bis 9 (vorzüglich) unterteilt ist.

Eines der sichersten Frischekriterien ist die „Toten-Starre“ *(rigor mortis)*. So lange sich ein Fisch in diesem starren Zustand befindet, ist er ausnahmslos frisch!

Allgemeine Frischekriterien bei Fischen

- Augen sind klar und glänzend, nicht eingefallen.
- Haut ist feucht bis stark schleimig und hat eine straffe Konsistenz.
- Geruch ist nicht fischig bis artspezifisch.
- Kiemen sind rot und nicht schleimig.
- Rippen nicht aus Bauchhöhle abstehend.

Wenn die dünne Bauchhaut, welche die Rippen von innen bedeckt, dem Druck der Rippen nicht mehr standhalten kann, biegen sich diese in den Bauchraum. Grund kann eine weiche Fleischkonsistenz sein, die einerseits auf intensive Mast des Fisches oder aber auf eine bereits fortgeschrittene Zersetzung des Fischfleisches hinweist.

WICHTIG!

Die Beurteilung der Frische erfolgt nicht über ein einzelnes sensorisches Merkmal, sondern über die objektive Bewertung aller Kriterien.

Frischer Glanz der Haut

Klares, nicht eingefallenes Auge

AUSNAHMEN & ARTSPEZIFISCHE BESONDERHEITEN

Optik/Haptik

- Doraden und Wolfsbarsche bekommen milchig bis graue Augen, wenn sie über längere Zeit mit Eis in Kontakt waren.
- Die Haut von Salzwasserfischen ist eher nicht schleimig. Die Ausnahmen bilden Steinbutte, welche bei guter Frische einen grau bis schwärzlichen Schleim aufweisen.
- Die Konsistenz der Haut bei frischem Kabeljau, Seezunge oder Steinbeißer ist weich.
- Frische Heringe oder Sardinen besitzen einen roten Fleck auf den Kiemendeckeln.
- Die Haut vom frischen Petersfisch ist glatt und seine Augen nicht eingefallen. Leider geschieht das Gegenteil recht schnell.

Geruch

- Frischer Lachs und Stint riechen leicht nach Salatgurke oder Wassermelone.
- Frische Renke und Stint riechen nach Dill.
- Der Geruch frischer Äschen erinnert an Thymian.
- Der Hecht „hechtelt“ – gemeint ist ein süßlicher Geruch.
- Besonders nach Meer riechen Seeteufel, Schellfisch, Steinbeißer oder Wittling. Dies schwankt aber im Jahresverlauf, je nachdem, was die Fische gefressen haben und in welcher Tiefe diese gefangen wurden.

Auge des Wolfsbarschs: trüb und normal

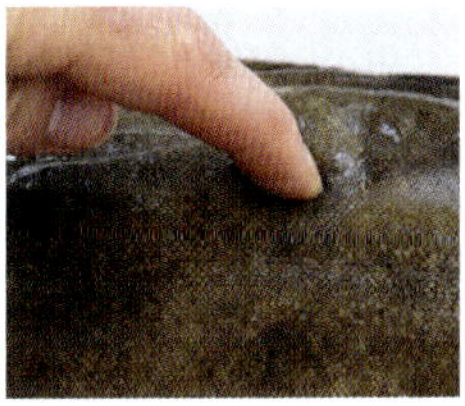
Weiche Haut einer Seezunge

Roter Fleck auf dem Kiemendeckel von Sardinen

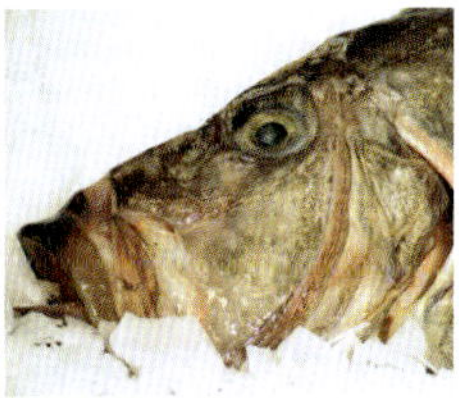
Eingefallenes Auge bei einem Petersfisch

Sensorische Besonderheiten der Knorpelfische

Ein manchmal störender Geruch nach Ammoniak ist zu finden bei Knorpelfischen, wie Hai oder Rochen. Diese reichern in ihrem Fleisch Harnstoff an, um bei der Osmose Energie zu sparen. Frische Rochenflügel beispielsweise können bereits innerhalb weniger Stunden äußerst unangenehm riechen!

Auch wenn der überwiegende Teil des Geruchs beim Kochen verfliegt, ist dieses sensorische Merkmal unbedingt erklärungsbedürftig und muss dem Kunden als Tipp vom Profi vermittelt werden.

KUNDENTIPP

Rochenflügel vorbereiten

Um frische Rochenflügel zu konservieren, werden diese kurz blanchiert, anschließend enthäutet und danach (in Ruhe) innerhalb weniger Tage zubereitet.

DIE KRUX MIT DEN KIEMEN

Die Kiemen als Bewertungsgrundlage für den Grad der Frische eines Fisches zu benutzen ist – leider – weit verbreitet und wird auch immer wieder kommuniziert. Kunden welche sich die Kiemen vom Verkäufer/-in zeigen lassen, sind keine Seltenheit. Hierzu ist ein relativ bekannter Spruch passend: „Der Fisch stinkt vom Kopf!" Dieser Satz gilt nicht nur für manche Chefetage, sondern zu 100 % für den Umgang mit Frischfisch!

Um es auf den Punkt zu bringen: Die Kiemen sind beim Schlachten zu entfernen! Wird der Fisch dann geschuppt und werden noch die Flossen entfernt, ist dieser küchenfertig.

Warum sind die Kiemen zu entfernen?

Als Atmungsorgan sind die Kiemen im lebenden Zustand stark durchblutet. Beim Schlachten nehmen sie über ihre große Oberfläche gestocktes Blut und etwaige Verunreinigungen leicht auf.

Diese Verunreinigungen und die filigrane Beschaffenheit der Kiemen (Lamellen) zersetzen sich nach dem Tod des Fisches recht schnell. Die dabei entstehenden Keime ziehen so vom Kopf aus über den Fisch hinweg. Ein Zeichen für die Anwesenheit solcher Keime sind schleimige Kiemen!

Solche Fische sind zwar nicht verdorben, doch die Bakterienbelastung im Kopfbereich der Fische hätte durch das Entfernen leicht vermieden werden können.

Warum bleiben dann bei den meisten Fischen die Kiemen im Fisch?

Wie so oft auf dieser Welt: Es geht ums Geld!

Eine Portionsforelle von ca. 350 g hat einen Kiemenanteil von ca. 25 g. Dieses zusätzliche Gewicht ist in Summe der täglich gehandelten Fische für die Produzenten nicht unerheblich. Das Argument vieler Erzeuger und Händler, dass die Kiemen zum Beweis der Frische im Fisch verbleiben sollten, ist nur in Ausnahmefällen wirklich berechtigt. Nämlich dann, wenn diese unmittelbar nach dem Töten vorzeigbar rot glänzend sind.

Meine Erfahrung in der Warenkundeschulung hat mir gezeigt, dass sich diese mangelhafte Überzeugung leider hartnäckig und fachübergreifend hält. So werden bereits in den Ausbildungsbetrieben verschiedener relevanter Berufe, wie beispielsweise der Gastronomie, die Kiemen als ultimatives Frischekennzeichen gelehrt.

Frische rote Kiemen

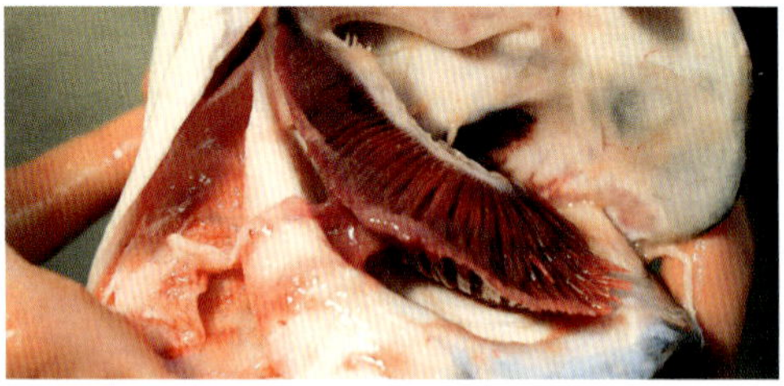

Schleimige Kiemen

FRISCHEKRITERIEN BEI MEERESFRÜCHTEN

KRUSTENTIERE *(CRUSTACEA)*

Hummer, Languste, Krabbe, Garnele, Kaisergranat, Flusskrebs

Bei frischen Krustentieren, wie Krebs und Garnele, platzt mit zunehmendem Grad der Alterung, verbunden mit der Lagerung auf Eis, die Spalte zwischen Rückenpanzer und 1. Schwanzsegment auf. Riecht es aus diesem Spalt beim Hin- und Herbewegen dieser beiden Panzer- bzw. Schalensegmente angenehm nach Meer und ist zudem das Fleisch glasig, ist die Ware frisch[1].

Glasig schimmernde Panzerspalte

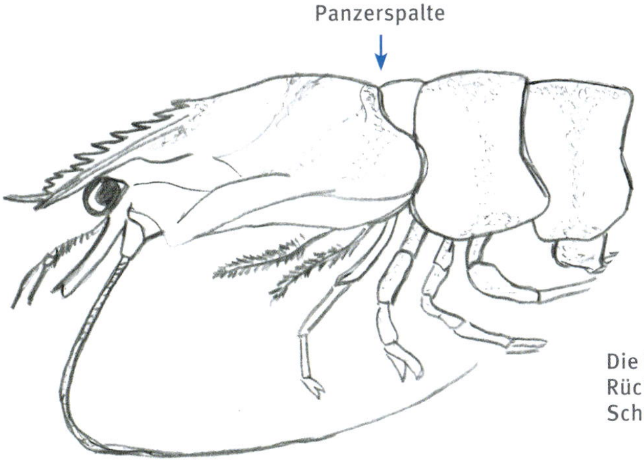

Die Panzerspalte zwischen Rückenpanzer und erstem Schwanzsegment

1 Teubner Küchenlexikon, Shrimps, Hummer & Langusten, S. 42.

WEICHTIERE/SCHALENTIERE *(MOLLUSCA)*

Auster, Miesmuschel, Schwertmuschel, Kammmuschel (Tiefsee-Scallop, Jakobsmuschel), Venusmuschel

Sind die Muschelschalen zerstört oder weit geöffnet und schließen sich bei Berührung nach kurzer Zeit nicht, sind diese auszusortieren. Auch ihr Geruch sollte neutral oder leicht nach Meer riechen[2].

KRAKE/OKTOPUS/PULPO, KALAMAR, SEPIA, SEPIOLE

Bei Kopffüßern ist der Geruch nach Ammoniak ein sicheres Indiz für fortgeschrittenen Verderb. Bevor es aber riecht, tritt v. a. bei Sepien und den kleineren Sepiolen eine gelbliche Verfärbung der hellen Haut auf.

Das Ablösen der pigmentierten Oberhaut bei Kalamaren ist ein erstes Signal für nicht mehr einwandfreie Ware.

Oktopus wird mit fortschreitender Lagerung hellgrau, verliert auch seine Haut und riecht ebenfalls zunehmend nach Ammoniak. Die Praxis zeigt aber, dass Kraken lange auf Eis gelagert werden können.

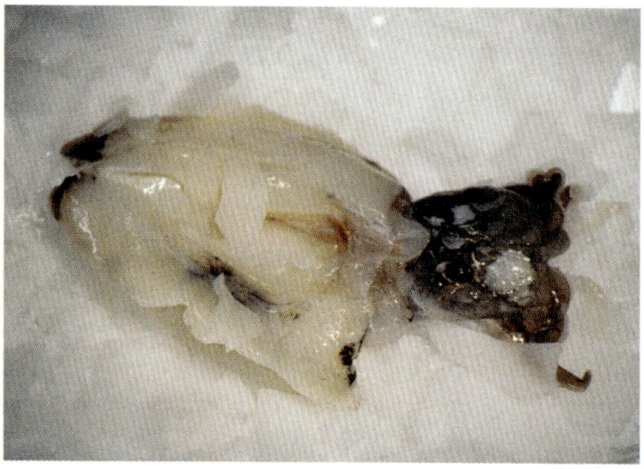

Gelbliche Verfärbung der Haut

Übrigens: Der Großteil der Ware kommt gefroren oder aufgetaut in den Handel.

ACHTUNG!

Ist die Ware aufgetaut, kommt es schneller zum Ablösen der Haut. Dann ist ein neutraler Geruch ausschlaggebend für die Frische.

2 Mehr zum Umgang mit Muscheln und fachlicher Kundenberatung auf S. 122.

Praxis-Check
Küchenfertiges Zubereiten von Kalamar, Sepia, Krake/Oktopus

Kalamar, *Loligo vulgaris, Loligo forbesii*

- Kopf und Körper trennen, Fischbein (Wirbelsäule) herausziehen und Eingeweide gründlich aus dem Körper entfernen.
- Fangarme/Tentakel vom Kopf trennen, Schnabel herausdrücken.
- Verwertbar sind Körper, Flossen und Fangarme/Tentakel.

Sepia

- Schnabel ausdrücken.
- Auswaschen der Bauchhöhle.
- Wenn vorhanden, Schulp (Wirbelsäule) herausnehmen.

Krake/Oktopus/Pulpo

- Schnabel ausdrücken.
- Bei großen Exemplaren die Haut am Kopf leicht einschneiden und den Kopf enthäuten. Die Haut an den Fangarmen kann bleiben

Schnabel herausdrücken

Schnabel

Kalamar ganz

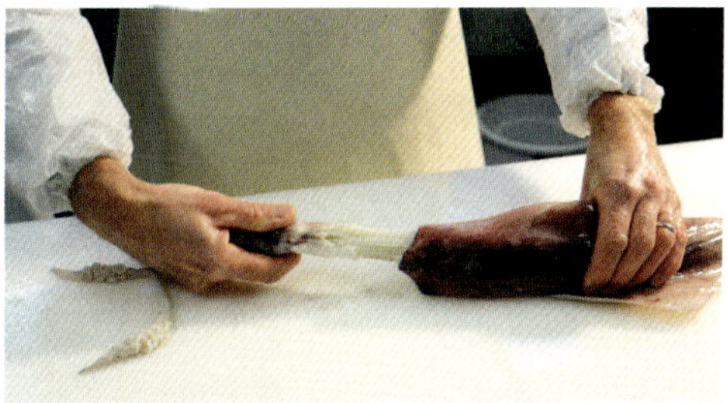
Kopf und Körper trennen

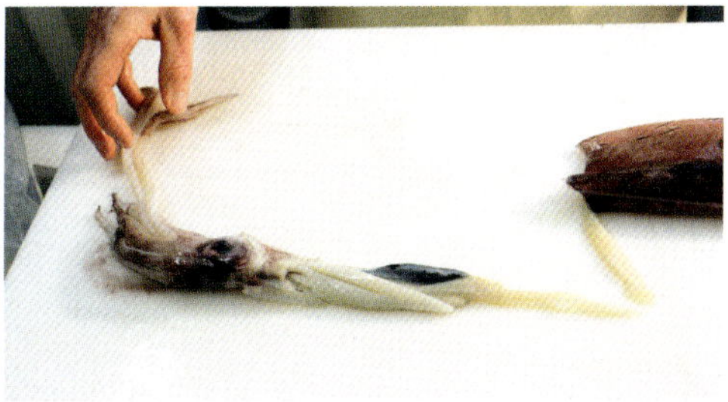
Eingeweide, Kopf und Tentakel/Fangarme, getrennt vom Körper

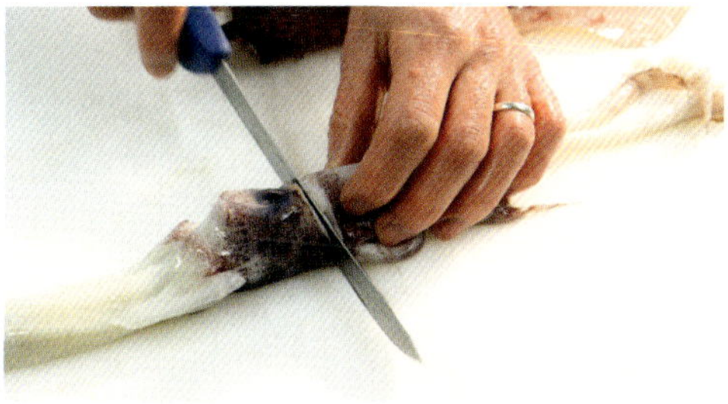
Tentakel/Fangarme abtrennen

Fortsetzung von S. 19

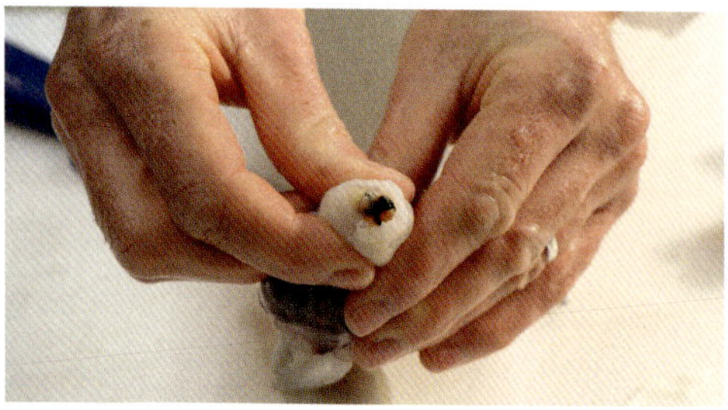

Schnabel herausdrücken

Fischbein (Wirbelsäule) herausziehen

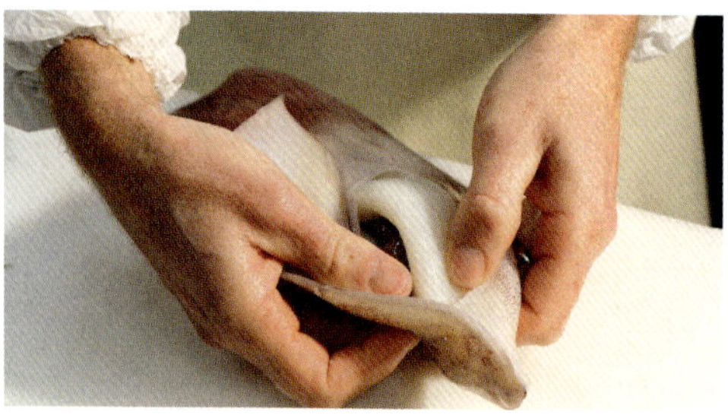

Flossen entfernen

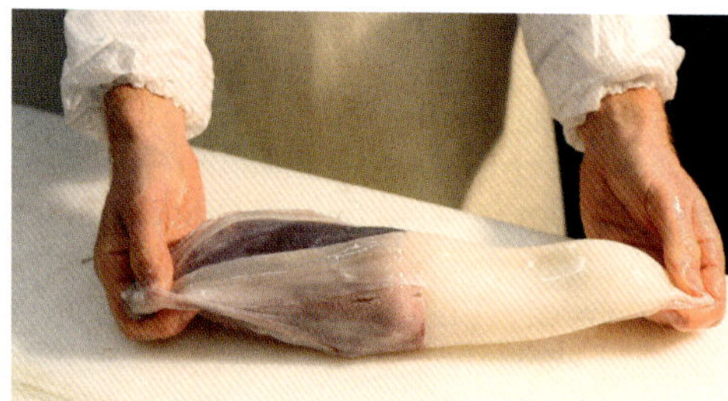

Haut abziehen

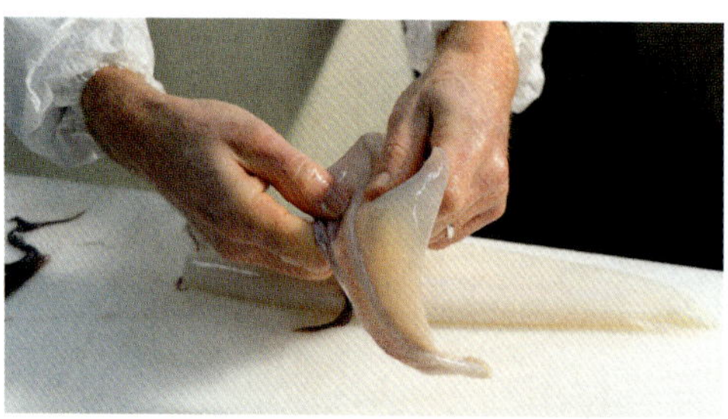

Flossen enthäuten

Küchenfertig: Körper, Flossen, Fangarme

Saubere Tentakel ohne Schnabel

Abfall: Fischbein, Eingeweide, Kopf, Haut

IN UND AUS DEM FROST – EINFRIEREN, AUFTAUEN & GEFRORENE WARE

Für das Einfrieren von Fischen oder Teilen von Fischen empfiehlt sich das Vakuumieren in hochwertigen Vakuumierbeuteln aus dem Fleischereibedarf (diese Beutel bestehen aus einer Mischung aus Polyester und Polyamid).

WICHTIG! Beutelgröße

Achten Sie auf die Verwendung der passenden Beutelgröße!

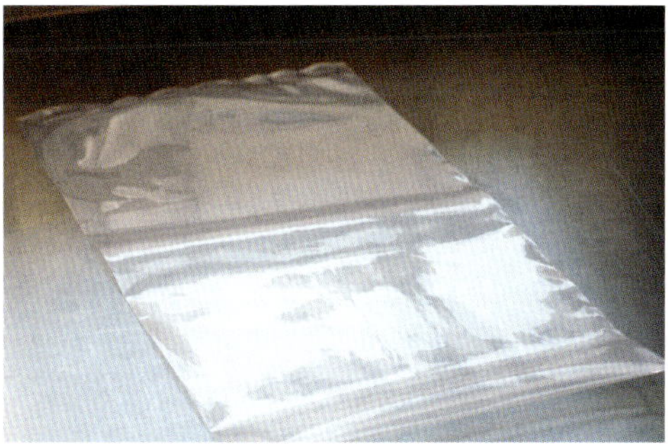

Hochwertiger Gefrier- und Vakuuminierbeutel

Nuggeteis

Vakuumierbeutel sind vergleichsweise teuer (5–25 Cent/Beutel, Stand 2019) und Beutelabschnitte verursachen überflüssigen Müll.

Um so genannte Luftzieher zu vermeiden – also Beutel, die nach dem Vakuumieren wieder Luft ziehen –, wird bei spitzen Inhalten, wie Karkassen, ein zweiter Beutel darüber verwendet.

Spitze Rippen von einzelnen Fischhälften können mit einem Folien- oder Wachspapierstreifen belegt werden. Legen Sie die Ware zum Einfrieren flach und ohne Abstand zueinander in den Beutel. Das verkürzt das Durchfrieren und das Auftauen erheblich.

Besonders interessant für Wiederverkäufer

Eine ansprechende Optik der Frostware erzielen Sie mit unterschiedlichen Legerichtungen.

VERBESSERTE HYGIENE BEIM BEFÜLLEN VON BEUTELN

Schlagen Sie den Beutelrand vor der Befüllung um und benützen Sie zur Befüllung Schieber aus Kunststoff oder Edelstahl. Diese können für gängige Beutelgrößen angefertigt oder im Fachhandel bezogen werden. Ein Hineingreifen mit der Hand ist dann nicht mehr nötig.

Die Tüten werden mit dem Einfrierdatum, dem Namen des Erzeugnisses und der Produktanzahl versehen.

Sie bieten das Vakuumieren auch für Kunden an?

Berücksichtigen Sie alle damit verbundenen Kosten und kalkulieren Sie diese ggf. als Kostenaufschlag mit ein.

KUNDENTIPP

Schonendes Einfrieren

Als Alternative zum Vakuumiergerät kann das Gefriergut mehrlagig und straff in Klarsichtfolie eingewickelt werden.

Kleinere Fischteile oder Meeresfrüchte können im Gefrierbeutel, möglichst mit wenig Luft, sicher verpackt werden.

Ganze und v. a. große Fische können auch glaciert werden. Dafür wird der Fisch oder das Filet ohne Verpackung angefroren und kurz in Eiswasser (kaltes Wasser + Eis) getaucht. Dieser Vorgang kann wiederholt werden, bis sich eine Eisschicht um das Gefriergut gebildet hat.

Zum Schutz der Glasur kann das Gefriergut in Alufolie gewickelt werden.

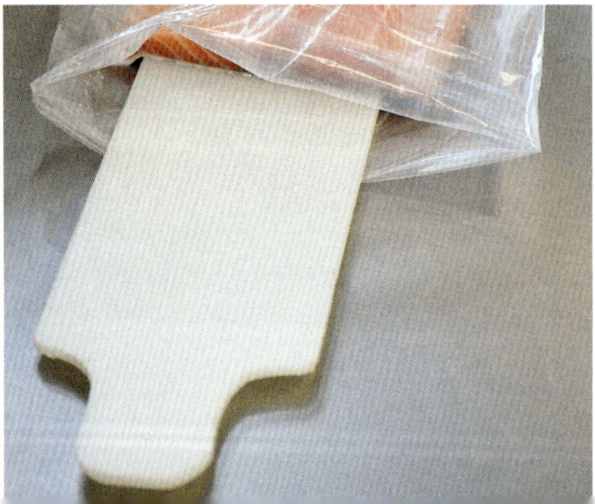

Befüllen von Vakuumtüten mittels Schieber

LAGERZEITEN VON FISCHEREIERZEUGNISSEN

Fischereierzeugnis	Lagertemperatur	Lagerzeit
Fisch, mager, gefroren, vakuumiert	−18 °C	7–9 Monate
Fisch, mittelfett, gefroren, vakuumiert	−18 °C	5–7 Monate
Fisch, fett, gefroren, vakuumiert	−18 °C	3–5 Monate

Lagerzeiten im Tiefkühlbereich für unterschiedlich fette Fische

Trotz des Vakuumierens sind die Lagerzeiten also begrenzt.

In der Praxis wird dem Gefriergut oft nicht genügend Aufmerksamkeit gewidmet. Nach dem Motto „Aus den Augen aus dem Sinn“ überlagert die Ware im Tiefkühlbereich. Zu lange eingefrorene Ware verliert an Feuchtigkeit und Geschmack und bekommt teilweise eine strohige Konsistenz.

Hauptproblem bei der Überlagerung von Gefriergut ist aber die Oxidation von Fetten: Der Abbauprozess von Fetten wird durch das Einfrieren nicht gestoppt.

Intensives Marinieren oder Räuchern kann unter Umständen den Geschmack überdecken, sollte aber nicht die Lösung sein!

Sind Fette einmal oxidiert (ranzig), so verhält es sich wie beim unzureichend gehälterten Fisch – der negative Geschmack bleibt.

Fazit: Ein sichtbares Gefrierprotokoll muss von allen Beteiligten beachtet werden!

BEISPIEL

Doppel-Matjesfilet

Obwohl Salzwasserfisch im Tiefkühlbereich 2–3 Monate länger haltbar ist als Süßwasserfisch, so möchte ich an dieser Stelle den echten holländischen Matjes als Beispiel nennen.

Zu Beginn der Fangsaison (Mai, Juni) ist die Rohware Hering ein fetter Fisch (Fettgehalt mind. 12 % im verzehrbaren Anteil). Dieser wird, wie es die Gesetzgebung verlangt, nach der Reifung eingefroren. Der Fettabbau wird dabei aber nicht gestoppt und so kann Matjes, besonders am Jahresende, erheblich ranzig schmecken.

Meine Empfehlung: Ab Januar bis Juni (bis Verkaufsstart des Neufang) kein Doppel-Matjesfilet anbieten!

Betrachtet man den Anteil an Tiefkühlware (TK-Ware) beim Absatz von Fischprodukten, so lag dieser in den letzten Jahren bei ca. 25 %[3].

Die Angebotsformen von TK-Fischereierzeugnissen für den Endverbraucher reichen vom ganzen Fisch mit Kopf bis hin zum fertigen Convenience-Filet mit Auflage (Schlemmerfilet). Der Preis ist wesentlich günstiger, der Zeitpunkt der Zubereitung ist weitestgehend frei wählbar und die Qualität mancher Produkte ist teilweise besser als die manch frischer Ware.

So ist z. B. ein komplettes Auftauen von Fischfilets (oder Portionen davon) für die Zubereitung im Backofen nicht unbedingt nötig. Das Auftauwasser enthält Geschmacksstoffe, welche bei der Zubereitung, beispielsweise in Pergamentpapier oder Alufolie, aufgefangen werden. Auch für das Braten in der Pfanne genügt es, TK-Ware nur oberflächlich aufzutauen.

In der Theke besser frisch

In der Frischfischtheke sollte möglichst wenig bereits gefrorene Ware präsentiert werden. Wird aufgetaute Ware angeboten, wird diese vorher langsam in der Kühlung aufgetaut.

WICHTIG! Vorher auftauen lassen

Bitte nie in der Verkaufstheke auftauen lassen!

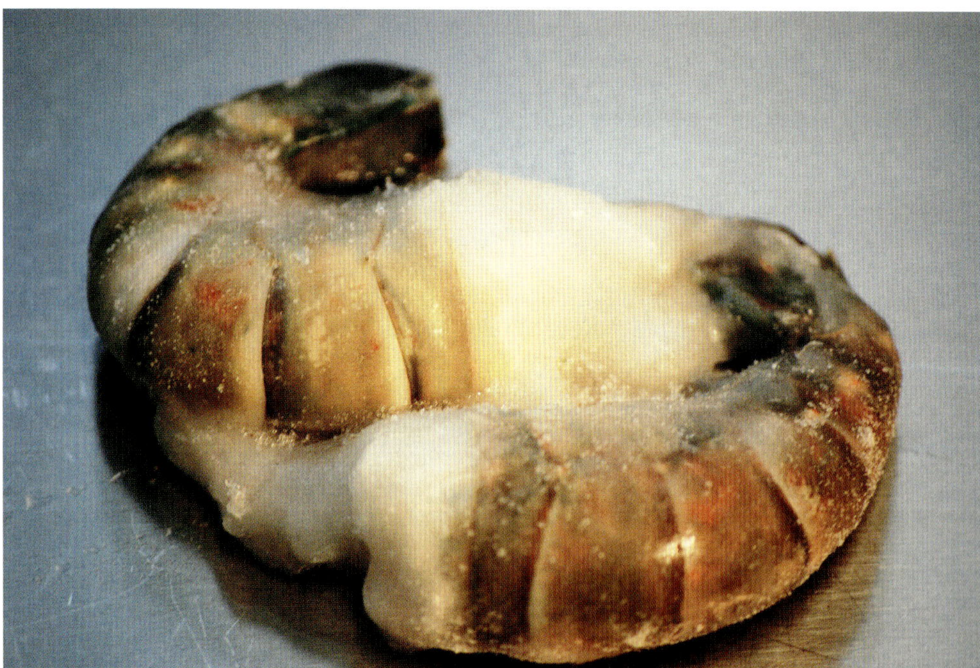

Garnele mit Glasur

3 Fisch-Informationszentrum, Stand 2017

Beim Anblick von fast gefrorenen Garnelen oder Kalamartuben stellt sich so mancher Kunde zu Recht die Frage: „Warum hole ich das dann nicht direkt im TK-Bereich!?“

Grundsätzlich muss aufgetaute Ware mit dem Hinweis *„aufgetaut“* oder *„refreshed“* gekennzeichnet sein. Muss ein Fischereierzeugnis aus Gründen des Gesundheitsschutzes jedoch zuvor gefroren werden, so entfällt die Kennzeichnungspflicht. Bekanntestes Beispiel ist der Matjes.

Matjesdoppelfilet

Matjes nimmt leicht Gerüche von Zwiebeln oder Ähnlichem an. Für den Verkauf werden die gefrorenen Doppelmatjesfilets daher bedarfsgerecht aufgetaut.

FROST VS. FRISCH

Bei manchen Fischereierzeugnissen lässt sich das vorherige Einfrieren nicht vermeiden – in besonderen Fällen wirkt es sich sogar positiv auf die Qualität der Ware aus.

Krake/Oktopus/Pulpo

Das Zerstören des Zellgewebes durch den Prozess des Einfrierens macht sein Fleisch mürbe (weich). Beim „traditionellen“ Fang geschieht dies übrigens durch das Schlagen der Krake gegen Steine.

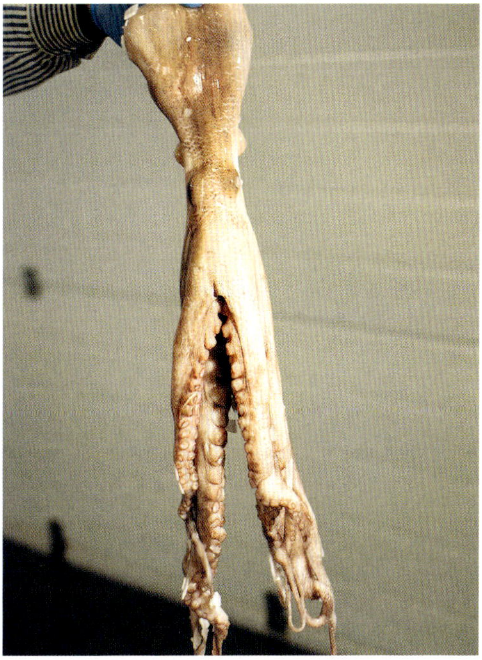

Frischer Krake/Pulpo

Ob ein Krake gefroren war, ist ohne Blick in die GMO-Unterlagen (Verbraucherordner) an den Tentakeln zu erkennen: Sind diese aufgerollt, ist er aufgetaut. Hängen sie schlaff nach unten, ist der Krake frisch.

Aufgetauter Krake/Pulpo

KUNDENTIPP

Vorkochen von Oktopus

Unabhängig davon, ob ein Oktopus bereits einmal gefroren war, muss er vor der eigentlichen Zubereitung für ca. 20 Minuten je 500 g in siedendem Wasser gegart werden.

Ob der Oktopus weich genug ist, wird durch Einstechen an der dicksten Stelle zwischen Kopf und Tentakeln geprüft. Ist die Konsistenz zart genug, nimmt man ihn aus dem Topf und lässt den Pulpo auskühlen. Das Wasser, welches nun rot gefärbt ist, kann gut als Flüssigkeitsersatz in Gerichten, wie Risotto, verwendet werden.

Andere Kopffüßer oder Teile von ihnen, wie Kalamar, Sepia, Moschuskrake, Tintenfischzöpfe und Tuben, müssen vor der Zubereitung nicht gekocht werden. Werden diese Erzeugnisse aufgetaut zubereitet, sind die Garzeiten sehr kurz.

Tintenfischringe oder -filets werden übrigens auch in Salzlake gehandelt und sind damit ebenfalls küchenfertig.

Sind Fischereierzeugnis in ihrer Beschaffenheit oder aufgrund ihres Transportweges ohnehin leicht verderblich, kann die Wahl für das gefrorene Erzeugnis vorteilhaft sein. Dies gilt vor allem für Hummer, Languste, Langoustine/Kaisergranat, Krebsscheren, Garnele, Sardellen, Sepiole.

Übersicht gängiger Auftauware

- Schwarzes Heilbuttfilet
- Pangasiusfilet
- Tilapiafilet
- Garnelen, ganz, oder Garnelenschwänze
- Langgusten- und Hummerschwänze, Hummerfleisch
- Oktopus/Pulpo/Krake
- Kalamare/Kalamaretti
- Kalamartuben, -ringe oder -filets
- Kamm- und Jakobsmuschelfleisch
- Sepiole

FISCHLOGISTIK – TRANSPORT & LAGERUNG

GÄNGIGE TRANSPORTGEBINDE VON FISCHEREIERZEUGNISSEN

Sollen frischer Fisch, Teile von frischen Fischen oder Meeresfrüchte transportiert oder gelagert werden, haben sich auf Wiederverkäuferebene Transportkisten mit Ablauflöchern bewehrt. Die Ware liegt in den „Fischkisten" in oder unter Eis, ein Deckel ist nicht unbedingt nötig.

Fischkiste Kunststoff

Wird aus Gründen der Transportsicherheit die Kiste mit einem Deckel versehen und fest verschlossen, sollte ein Verbrauchsdatum oder Mindesthaltbarkeitsdatum (MHD) aufgedruckt werden.

BEACHTEN SIE

Deckel haben eine isolierende Wirkung und verhindern das Eindringen der meist kühleren Gebläseluft des Kühlaggregates. Entfernen Sie bei frischen Fischereierzeugnissen, die sich in einer stationären Kühlung, wie in einer Kühlzelle oder einem Kühlschrank befinden, die Deckel!

Bei Räucherware hingegen sollten die Transportbehälter geschlossen bleiben, um die Ware vor Austrocknung zu schützen.

Fischkiste Styropor

Eine typische Fischtransportkiste ist aus Styropor, aus Einwegkunststoff oder aus robustem Mehrweg-Kunststoff.

Letztere werden mittels Pfandsystem wiederverwendet und sind damit als Transportkiste zu bevorzugen.

Vorteil: Die Styropor- und Mehrweg-Kisten verfügen über Löcher am Boden der Kiste, aus dem Schmelz-, Kondens- und Gewebewasser ablaufen kann.

WICHTIG! Grundsatz der Lagerung

Dadurch wird ein wichtiger Grundsatz beim Lagern von Fischereierzeugnissen erfüllt: Die Ware darf nie im Wasser liegen!

Wird dieser Grundsatz beim Transport bzw. der Lagerung beachtet, so kann die Haltbarkeit der Ware verlängert werden.

Allgemein kann durch Sorgfalt und das Einhalten von gewissen Lagergrundsätzen (siehe S. 13 ff.) die Frische von Fischereierzeugnissen länger gewährleistet werden.

Alle an der so genannten Kühlkette beteiligten Personen müssen sich dessen bewusst sein!

VERPACKUNG IM SB-BEREICH

Im Selbstbedienungsbereich haben sich für einige Fischereierzeugnisse in den letzten Jahren u. a. versiegelte Kunststoffschalen mit Saugvlies als Verpackung etabliert. In den Kunstoffschalen befindet sich eine so genannte Schutzatmosphere (MAP-Modified Atmosphere Packaging), welche das Keimwachstum und bedingt die Verfärbung (Oxidation) der Erzeugnisse bremst. Das Saugvlies in den Kunstoffschalen kann jedoch nur im begrenzten Maß Flüssigkeit aufnehmen. Gegen Ende des Verbrauchsdatums kann somit eine gewisse Menge an Flüssigkeit ständig im Kontakt mit dem Erzeugnis sein, was die Qualität negativ beeinflusst.

VERPACKUNG IM VERSANDHANDEL

Der Versandhandel von kühlpflichtigen Fischereiprodukten verläuft für Frischfisch oder Teile von frischem Fisch in geschlossenen Isolierboxen/Styroporbehältern mit Cool Packs. Hier ist der Inverkehrbringer (Absender) für die vorgeschriebene Kühltemperatur während des Versands verantwortlich.

VERPACKUNG VON RÄUCHERWARE

Pappschachtel

Zu den vernünftigsten und zugleich umweltbewusstesten Transportgebinden bei Räucherware gehört die Pappschachtel. Räucherware gilt es grundsätzlich vor Austrocknung zu schützen. Dafür kann die Ware in Pergament oder Wachspapier eingeschlagen werden.

Geräuchertes Heilbuttmittelstück in einer Pappschachtel mit Wachspapier

Vakuumieren

Das Vakuumieren ist auch eine gute Möglichkeit, um Räucherware frisch zu halten. Ein Grundsatz für das Vakuumieren ist, neben einer hygienischen Arbeitsweise, das zuvor sorgfältige Auskühlen frisch geräucherter Ofenware. Hintergrund ist die Prophylaxe gegen das äußerst gefährliche Bakterium *Clostridium Botulinum*.

Spankiste

Diese traditionelle Verpackung für Räuchersprotten sieht man leider immer seltener. Die Sprotten dürfen in der Verkaufstheke auch direkt in der Spankiste präsentiert werden.

Allgemein herrscht rund um das Thema Verpackung eine wachsende Dynamik am Markt. Viele Anbieter von Umverpackungen möchten Lösungen anbieten und auch entwickeln, die dem Aufruf der Verbraucher nach weniger Verpackungsmüll gerecht werden.

DIE LAGERUNG VON FISCHEREIERZEUGNISSEN

Der Transport und die Lagerung von Fisch und Meeresfrüchten vermischen sich in der Praxis und gehen in der Regel ineinander über, denn der Transport kann genauso als kurzzeitige Lagerung gesehen werden. Es ist also unerheblich, ob es sich um eine mobile oder stationäre Lagerhaltung handelt.

Fischereierzeugnis	Lagertemperatur	Lagerzeit
Fisch, frisch Krusten-, Schalen- und Weichtiere, frisch	0–2 °C	abhängig von Frischekriterien, Lagerhaltung, allgemeiner Sorgfalt (z. B. Kiemen entfernen, Staunässe vermeiden)
Weichtiere, lebend	2–7 °C	Abpackdatum + 1 Woche
Krustentiere, lebend	5–10 °C	abhängig nach Art, siehe allgemeingütiges Merkblatt Hummerhälterung (siehe S. 121)
Fisch, geräuchert, offen	4–7 °C	ca. 10 Tage, vor Austrocknung schützen
Fisch, geräuchert, vakuumverpackt	4–7 °C	ca. 21 Tage
Fisch, roh, mariniert	0–2 °C	2–3 Tage
Fisch, zubereitet	4–5 °C	2–3 Tage
Krustentiere, gekocht	0–2 °C	siehe MHD bzw. 2–3 Tage

Lagertemperaturen und Lagerzeiten verschiedener Fischereierzeugnisse

WELCHE EIS-FORM WIRD WO EINGESETZT?

Je nach Fabrikat der Maschine kann Eis in unterschiedlichen Formen hergestellt werden. In der Praxis ist Flockeneis, Nuggeteis, Cubeeis, Brucheis und Scherbeneis im Einsatz.

Für Frischfisch und Meeresfrüchte ist Eis mit einer geringeren Oberflächentemperatur ideal, denn dadurch wird Gefrierbrand auf der Oberfläche vermieden.

Bis auf Scherbeneis erfüllen die oben genannten Eis-Formen mit einer Oberflächentemperatur von nur −0,5 °C diese Anforderung. Sie haben eine lang anhaltende Kälteleistung und verklumpen nur geringfügig.

Ausnahme Scherbeneis

Werden Fisch und Meeresfrüchte transportiert und ist eine höhere Umgebungstemperatur zu erwarten, kommt Scherbeneis zum Einsatz. Die Oberflächentemperatur liegt bei ca. –7 °C und die Kälteleistung ist damit höher.

Scherbeneis bildet außerdem eine relativ glatte Oberfläche, die in den Transportkisten keine Druckstellen auf der Ware hinterlässt.

Neben der Anforderung an die Eis-Form ist die Wasserhärte am Einsatzort eine weitere wichtige Entscheidungshilfe bei der Wahl des Eisbereiters.

Eine Scherbeneismaschine beispielsweise benötigt keine fest installierte Wasserenthärtungsanlage – selbst wenn Kalk im Trinkwasser ein Problem für technische Geräte ist.

Maschinen zur Herstellung anderer Eisformen benötigen diese Anlage aber zwingend!

Praxis-Check
Hygiene und Sorgfalt bei der Eisherstellung

Das Reinigen der Eismaschine muss fest im Reinigungsplan stehen und auch wirklich durchgeführt werden.

Je nach Betriebsstunden und Bauart müssen Bauteile wie der Auswurfschacht, der Vorratsbehälter, die Schnecke und die Verdampferwanne gereinigt und desinfiziert werden, um Ablagerungen und kältetolerante Bakterien zu entfernen. Moderne Eismaschinen haben für gewisse Bauteile bereits eine Selbstreinigungsfunktion.

Der Kostenfaktor zur Herstellung von Eis ist nicht zu vernachlässigen!
Alle beteiligten Mitarbeiterinnen und Mitarbeiter müssen Eis entsprechend wirtschaftlich verwenden und einen sorgsamen Umgang mit der Maschine pflegen.

DIE BEDEUTUNG VON EIS FÜR LAGERUNG UND VERKAUF

Die Bedeutung von Eis als Kühlmittel zur Lagerung war vor dem Einzug von Kühlaggregaten enorm groß. Salzwasserfisch wurde von den Küsten bis weit in das Landesinnere, auf mäßig ausgebauter Infrastruktur, transportiert. Die Transportdauer war länger und die Kühlleistung von Eis zeitlich begrenzt. Manche Erzeugnisse hatten durch den relativ langen Weg bis zum Verbraucher bereits einen gewissen „Stich“ und haben intensiver nach Fisch gerochen. Dieser Geruch sollte in gewissem Maße durch das Säuern mit Genusssäuren neutralisiert werden.

WICHTIG! 3-S-Regel

„Säubern, Säuern, Salzen“
Die Bekannte 3-S-Regel hat ihren Ursprung aus eben dieser Zeit.

Die Frische von Fisch und Meeresfrüchten ist durch eine meist lückenlose Kühlkette heutzutage entschieden besser. Kühlgeräte gehören zum gewerblichen Standard.

Welche Aufgabe hat Eis dann noch, wenn das Kühlen von der Technik übernommen wird?

Zum einen gewährleistet Eis den Abtransport von Mikroorganismen, Keimen und Verunreinigungen durch das entstehende Schmelzwasser. Das Eis in der Lagerhaltung benetzt die Oberfläche. Entstehendes Schmelzwasser transportiert Keime und kleinere Verunreinigungen ab. Damit es abfließen kann, ist der Einsatz von Lochkisten oder Abtropfeinsätzen die Grundvoraussetzung für das richtige Lagern von Fisch und Meeresfrüchten!

Soll Fisch außerdem schnell heruntergekühlt werden, ist Eis mit die beste Wahl. In der Industrie erfolgt dies über so genannte Blast-Chiller.

Eis als reines Kühlmittel ist also nur noch bei der Abgabe der Ware an den Kunden nötig und kann ihm als Serviceleistung kommuniziert werden.

Eis in Maßen

Aus praktischer Erfahrung sollten frische Fischereierzeugnisse mindestens zwei Mal täglich in der Kühlung nachvereist werden. Dieses erneute Einbetten in Eis sollte mit Sorgfalt und Verstand geschehen.

Das Motto „Viel hilft viel" führt bei Abtropfeinsätzen schnell zu Staunässe, wenn der Raum zwischen Kiste und Abtropfeinsatz mit Schmelzwasser gefüllt ist. Vermeiden Sie übermäßiges Auffüllen mit Eis bei gestapelten Fischkisten.

Fehlender Abstand zwischen den Kisten presst die enthaltene Ware zusammen! Das Ergebnis: Lagerschaden.

Frische, stark schleimende Fische, wie Karpfen oder Saibling, können die ersten 48 Stunden ohne Eis gekühlt werden und anschließend mit einer Folie vor Eis geschützt werden.

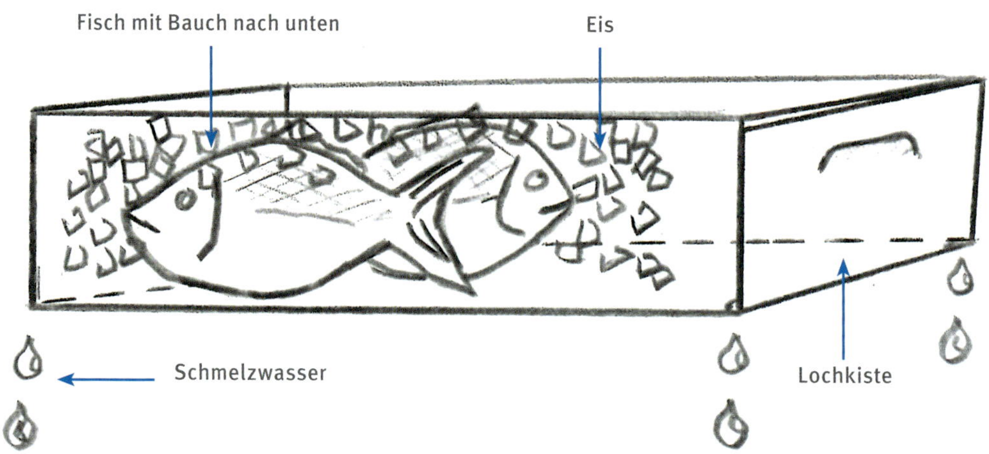

Skizze einer Lochkiste

UMPACKEN

Müssen Fischkisten aus hygienischen Gründen oder zur Vorbeugung gegen Bruchsicherheit (bei Styrophorkisten) umgepackt werden, empfiehlt sich der Einsatz von Kunststoffbehältern mit Abtropfeinsatz.

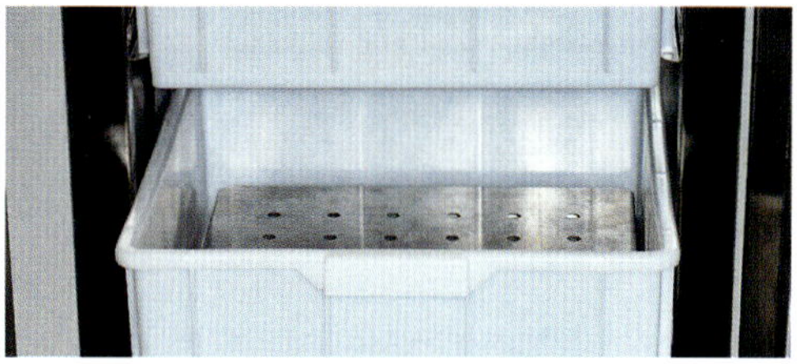

Behälter eines Fischkühlschranks mit Abtropfeinsätzen

LAGERUNG AUF BEGRENZTEM PLATZ

Ist das Platzangebot begrenzt, beispielsweise in einem Kühlschrank, kann in transparenten Kunstoffbehältern ohne Umwälzen/Umstapeln der Inhalt der Behälter gesichtet werden.

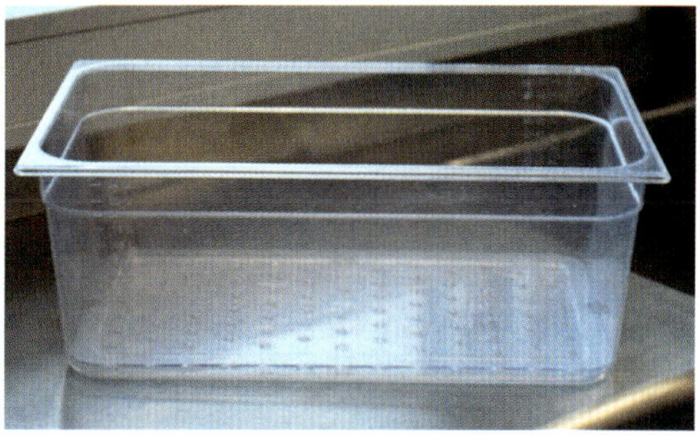

Transparenter Behälter mit Tropfeinsatz

EINFLUSS DER LAGERUNG AUF DEN HISTAMINGEHALT

Histamin ist ein Stoffwechselprodukt, das von Bakterien aus der Aminosäure Histidin gebildet wird. In Deutschland leidet ca. 1 % der Bevölkerung an einer Histamin-Intoleranz.[4]

Besonders bei Verarbeitungs- und Reifeprozessen in Lebensmitteln kommt dieses Abbauprodukt konzentriert vor. Vermeiden kann man die Bildung von Histamin nicht. Eine strikte Kühlkette verhindert aber die exponentielle Anreicherung.

Besonders reich an Histamin können sein:

- Fischkonserven
- Erzeugnisse aus Gar- und Reifebädern (z. B. Matjes)
- Thunfisch
- Boniten und Makrelen
- Schwertfisch

Praxis-Check
Lagerung von Thunfisch

Wird ein frischer Thunfisch-Loin oder ein Filet über 5 °C gelagert, verdoppelt sich der Histamingehalt ca. alle 20 Minuten! Dies ist die ungefähre Zeitspanne, welche Bakterien zur Zellteilung benötigen.

4 aerzteblatt.de, Zugriff am 19. 02. 2019.

LAGERUNG OPTIMIEREN

Immer wieder sehe ich in der Praxis, wie Lagerzeiten von Fischereierzeugnissen durch mangelnde Sorgfalt verkürzt werden. Teilweise muss Ware aufgrund von falscher Lagerung sogar entsorgt werden!

Seien Sie sich bewusst: Der wirtschaftliche Erfolg beginnt im Kühlhaus oder Kühlschrank.

Das FiFo-Prinzip – „First in, first out"

Der einfache Grundsatz des FiFo-Prinzips ist in der gesamten Lebensmittelwirtschaft gültig.

Es besagt schlicht, dass das, was als Erstes in den Bestand an verderblicher Ware hineinkommt (Wareneingang), als Erstes wieder hinausgehen soll (Warenausgang).

Ein Prinzip, das in fast jedem Haushalts-Kühlschrank selbstverständlich angewandt wird.

FiFo leicht gemacht

Eine einfache Möglichkeit zur Umsetzung des FiFo-Prinzips in der Praxis ist eine Farbmarkierung. So könnten zum Beispiel drei Farben für drei Anliefer- oder Produktionstage eingeführt werden.

- Montag = Grün
- Mittwoch = Blau
- Freitag = Schwarz

Markiert wird mit Wachsstift an den Kisten oder durch Farbkarten in der Kiste.

In der Gastronomie oder dem Lebensmitteleinzelhandel können kleinere Handelsmengen auch durch ein immer gleiches Unterbringen/Stapeln in Regalen je Arbeitstag erfolgen.

Fischkisten mit schwarzer Wachsstiftmarkierung

Im Grunde recht banal oder?

Und trotzdem: In der Praxis geht es selbst bei kleineren Mengen teilweise im wahrsten Sinn des Wortes „drunter und drüber"!

Gestalten Sie also Ihre Lagerhaltung so übersichtlich und einfach wie möglich. Sie sparen Zeit und bares Geld (allein schon wegen der kürzeren Öffnungszeit der Kühlung).

Praxis-Check
Lagerung – auf einen Blick

- Staunässe verhindern.
- Mit Maß und Sorgfalt vereisen.
- Rotfleischige Ware mit Folie vor Ausfärbung schützen.
- Anschnitte ganzer Fische komplett mit Eis bedecken.
- Deckel von Transportgebinden bei Fisch und Meeresfrüchten entfernen; Ausnahme bei Räucherware.
- Möglichst keine Lagerung unter dem Kühlaggregat (tropfendes Kondensat)
- Lebende Krustentiere und Muscheln nie direkt auf Eis lagern! Zugluft vermeiden und Temperatur beachten (2 bis –7 °C).
- Blutende Ware, wie Sardinen und Makrelen, zuunterst lagern.
- Stark schleimende Ware, wie Saiblinge oder Karpfen, zuunterst lagern; mit Folie vor Eis schützen

WÜRMER IM FISCH – ÜBER DEN FACHGERECHTEN SCHUTZ VOR WÜRMERN UND NEMATODEN

WURMLARVEN IM SALZWASSERFISCH

Bei im Salzwasserfisch vorkommenden Wurmlarven *(Nematoden)* oder Würmern unterscheidet man zwischen dem Heringswurm *(Anasakis simplex)* und dem Kabeljauwurm *(Pseudoterranova decipiens)*.

Sie kommen im Bauchraum, inneren Organen und der Muskulatur von Fischen und Krustentieren vor, die lediglich als Zwischenwirt für die im Darm von Meeressäugern (Robbe, Wahl, Delfin) lebenden Parasiten dienen.

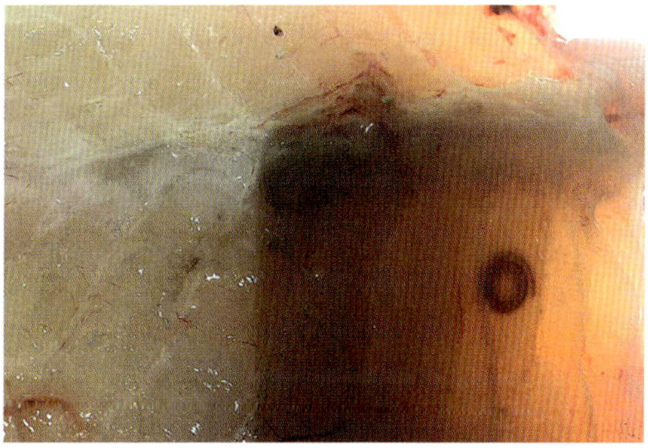

Nematoden in Muskulatur

Die Larve des Heringswurms ist klein, ca. 15–30 mm groß, weiß bis durchsichtig und kommt, wie der Name verrät, überwiegend in Heringen vor.

Der Kabeljauwurm ist etwas größer, 20–40 mm, bräunlich bis blutrot gefärbt und parasitiert in weit mehr Arten als nur dem Kabeljau.

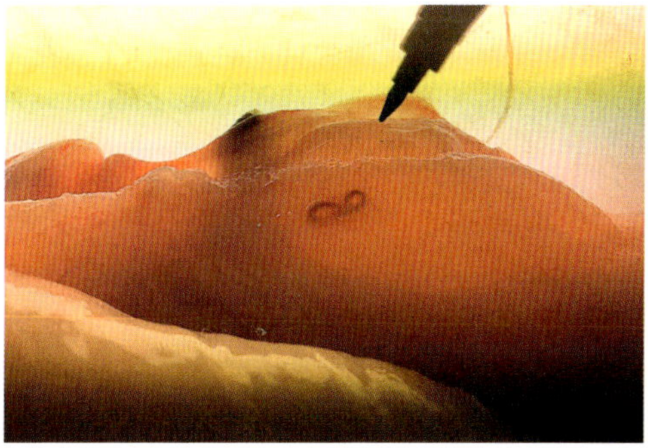

Nematoden in Muskulatur

ACHTUNG! Körperliche Beschwerden

Wird die Wurmlarve durch rohe oder unzureichend erhitzte Fischereierzeugnisse vom Mensch aufgenommen, können Krankheitserscheinungen, wie Durchfall oder Übelkeit, auftreten.

Prüfen Sie daher folgende in Handel und Gastronomie häufig erhältliche Fischarten und Filets auf einen möglichen Befall:

- Hering
- Kabeljau, Seelachs, Schellfisch, Pollack, Wittling
- Petersfisch, weißer Heilbutt, Rotbarsch, Seehecht
- Seeteufel, Steinbeißer, Rotbarsch, Lumb, Leng
- Stint, Wildlachs, Makrele

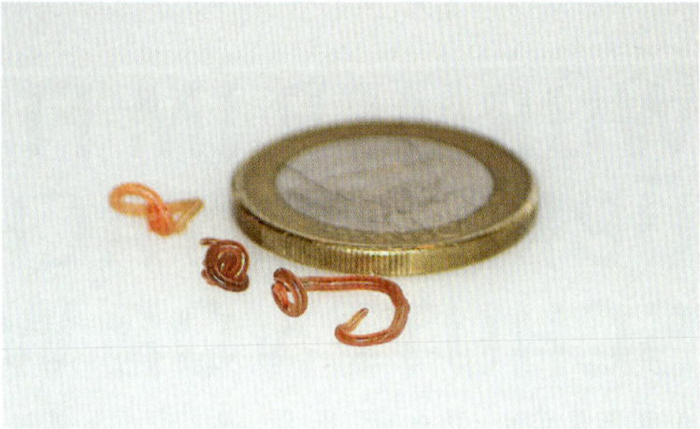

Größenvergleich zwischen drei Kabeljaunematoden und einer 1-Euro-Münze

FISCHBANDWURM IM SÜSSWASSERFISCH

Der Fischbandwurm *(Diphyllobothrium latum)* im Süßwasserfisch ist für den Menschen deutlich gefährlicher als der Heringsoder Kabeljauwurm. Er besiedelt ein breites Artenspektrum und kann in allen Karpfenartigen oder auch deren Räubern, wie z. B. Hecht, Barsch, Rutte, vorkommen.

Ein Befall mit dem Fischbandwurm kann einen deutlich schweren Verlauf haben, da der Mensch, neben fischfressenden Haus- und Wildtieren, hier Endwirt sein kann. Im Mensch entwickeln sich innerhalb von 24 Tagen geschlechtsreife Bandwürmer, welche Millionen von Eiern abgeben. Der Fischbandwurm hängt sich im Darm fest. In schwereren Fällen kann es zu einem Mangel an Vitamin B_{12} kommen.[5]

Völlig ungefährlich hingegen sind die Larven des Hechtbandwurms, von dem wieder zwei Formen existieren: *Triaenophorus crassus* und *Triaenophorus nodulosus*. Sie entwickeln sich als Zyste in der Muskulatur von Renken *(Coregonus spp.)*.

Triaenophorus nodulosus parasitiert in den Lebern einiger räuberischer Wildfische, wie Forelle, Saibling oder Rutte.

Es existieren noch weitere Wurmarten, die sich in der Bauchhöhle von Süßwasserfischen ansiedeln – für den Menschen sind sie aber allesamt ungefährlich.

WENIG APPETITLICH …?

Wenn Ihnen nach diesen Zeilen der Sinn nicht mehr so recht nach Fischverzehr steht, dann lassen Sie mich das Thema relativieren: Bei allen Nutztieren – besonders bei Wild – ist ein Wurmbefall keine Seltenheit. Bei Fisch wie bei Fleisch lautet meine Devise: Augen auf bei der Zubereitung und im Zweifel lieber durchfrieren oder durcherhitzen.

5 Schäperclaus W., Fischkrankheiten, Teil 2. 4. bearbeitete und wesentlich erweiterte Auflage, Akademie-Verlag Berlin, 1979.

Tatar von fangfrischen Fischen ist eine Delikatesse. Und wenn die Qualität stimmt, serviere ich Fischfilets auf dem Punkt gebraten (am liebsten „glasig“), also nicht „tot“ gebraten. Ein Genuss, den ich nicht missen möchte!

ÜBRIGENS! Wurmbefall in Aquakulturen?

Fisch aus Aquakultur ist äußerst selten mit Würmern befallen.
Die Fische wachsen unter kontrollierten Bedingungen auf und bekommen Fischfutter in Form von Pellets.
Das Fischmehl in den Pellets ist so behandelt, dass keinerlei Parasiten übertragen werden können.

WIE WIRD DAS „INVERKEHRBRINGEN“ VON WÜRMERN UND NEMATODEN MÖGLICHST VERMIEDEN?

Maßnahmen entlang der Handelskette

Rohwarenproduzenten

Alle relevanten Fische aus Wildfängen werden nach dem Töten zügig ausgenommen und gewaschen. Bei Plattfischen ist das sofortige Ausnehmen Pflicht! Hier können arteigene Würmer nach dem Tod der Fische in das Musklelfleisch wandern.[6]

Bei Fischarten, die für den Kabeljauwurmbefall relevant sind, werden ebenfalls zügig die Bauchlappen abgeschnitten, denn hier sind aufgrund des eingelagerten Fetts besonders häufig Nematoden zu finden.

Werden Lebern und Gonaden (Milch und Rogen) vermarktet, sind diese ebenfalls auf einen Befall zu prüfen und ggf. zu entsorgen.

Die Sichtkontrolle erfolgt über einem Leuchttisch. Fischfilet ohne Haut kann komplett, Ware mit Haut kann nur teilweise durchleuchtet werden. Steht kein Leuchttisch zur Verfügung, werden die Filets gegen das Licht gehalten.

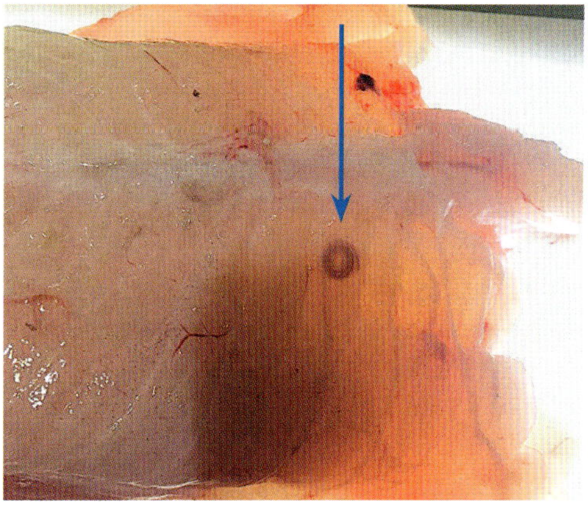

Kabeljaunematoden in der Muskulatur eines Seeteufelschwanzes

6 Teubner, Fische und Meeresfrüchte, S. 103.

Verarbeitendes Gewerbe

Das Durchleuchten der angelieferten Ware ist ebenfalls Pflicht.

Die Befunde werden im so genannten Nematodenprotokoll dokumentiert.

Werden Fische oder Fischteile von den auf Seite 36 gezeigten Arten gehandelt oder verarbeitet, so ist – genau wie beim Rohwarenproduzent – ein besonderes Augenmerk auf den Bauchraum der Fische zu legen.

Grundsätzlich gelten für alle Marktteilnehmer die Hygienevorschriften für *Lebensmittel tierischen Ursprungs (EG) Nr. 853/2004.*

In dem betreffenden Abschnitt zum Schutz vor Parasiten sind Methoden beschrieben, welche zum sicheren Abtöten von Parasiten führen. Werden relevante Fischereierzeugnisse gewerblich in den Verkehr gebracht, ist der Inverkehrbringer dazu verpflichtet, eine der folgenden Verfahren anzuwenden:

Verfahren des Durchfrierens

Die Rohware oder das Erzeugnis wird über einen Zeitraum von mindestens 24 Stunden bei mindestens –20 °C (gemessen im Kern des Erzeugnisses) eingefroren. Dies gilt vor allem für verzehrfertige, rohe oder nicht durchgegarte Fischereierzeugnisse, z. B. Rohwaren für Sashimi, Sushi oder Tatar.

Werden Wildfische, wie beispielsweise Hering, Makrele, Sprotte oder atlantischer und pazifischer (frei lebender) Lachs, kaltgeräuchert oder gebeizt, sind diese ebenfalls wie oben beschrieben durchzufrieren. Grund ist die geringe Kerntemperatur von unter 60 °C während der Zubereitung/Veredelung, die für eine Abtötung möglicher Nematoden unzureichend ist.

Genügt eine Marinade oder Salzung (siehe S. 142) nicht, um Nematodenlarven zuverlässig abzutöten, ist die Rohware ebenfalls einzufrieren.

Das Einfrieren gehört zu den praktikabelsten Anwendungen für Einzelhändler, Direktvermarkter oder die Gastronomie.

Verfahren des Salzens

Folgende Behandlungen beim Salzen sind anerkannt, um Nematodenlarven zuverlässig abzutöten:

- Wenn in der Lake ein Mindestsalzgehalt im Fischgewebswasser von 20 % bzw. 15 % erreicht wird und eine Mindestlagerdauer von 21 bzw. 28 Tagen angewandt wird.
- Bei der Verwendung von Zucker (Anchose) ist ein Mindestsalzgehalt von 12 % im Fischgewebswasser und eine Mindestlagerdauer von 35 Tagen umzusetzen.[7]

Verfahren des Marinierens

Folgende Behandlung beim Marinieren ist anerkannt, um Nematodenlarven zuverlässig abzutöten:

Wenn ein Mindestgehalt von 14 % Salz und 7 % Essig im Fischgewebswasser und eine Mindestlagerdauer von 35 Tage angewandt wurden.[8]

---

7 vgl. FischMagazin, Ausgabe 12/2017, S. 80.

8 Baltes Werner, Lebensmittelchemie, Springer Verlag Berlin Heidelberg, S. 322.

WAS TUN, WENN DER KUNDE DOCH EINEN WURM FINDET?

Stellen Sie sich vor, Ihr Kunde oder Gast findet in Ihrer Ware, Ihrem Erzeugnis oder einer Speise eine Nematodenlarve.

Verärgert beschwert er sich bei Ihnen und macht vielleicht noch die Anmerkung, damit an die Öffentlichkeit zu gehen. Wie können Sie reagieren, um die Situation zu entschärfen?

Vielleicht kann diese Argumentationsfolge helfen?

- Den Kunden/Gast ernst nehmen und sich für die Unannehmlichkeiten entschuldigen. Einen Ersatz der Ware/Speise kann man sich in diesem Fall höchstwahrscheinlich sparen – der Kunde hat schon gegessen ...
- Verweisen Sie auf die natürliche Herkunft der Ware: „Dies ist ein Naturprodukt."
- Folgen Sie mit einem Vergleich, der uns von Kindesbeinen an bekannt ist: Dem Wurm in heimischen Obstsorten!
- **Ihr Argument:** „Das ist wie der Wurm in Apfel, Kirsche oder Pflaume. Unappetitlich, aber harmlos."

Nach diesem Vergleich beobachte ich gerne die Reaktionen der Seminarteilnehmer. Nach der Aufzählung dieser drei bekannten Beispiele – Apfel, Kirsche und Pflaume – reagieren mindestens ein bis zwei Seminarteilnehmer mit Nicken, Schulterzucken oder bejahender Mimik.

Reagiert Ihr Kunde oder Gast mit einem Nicken oder vielleicht sogar mit einem „Ja", ist die Kuh vom Eis und Sie können die Angelegenheit sachlich (er-)klären.

In jedem Fall dürfen Sie das berechtigte Anliegen des Kunden nicht verharmlosen!

GIBT ES „DAS“ MESSER? – WERKZEUG ZUR FISCH-VERARBEITUNG

DAS Messer oder MEIN Messer – für viele Personen, die beruflich oder privat Fische verarbeiten, ist die Frage des „richtigen“ Messers eine Glaubensfrage. Ich finde: zu Recht.

Wenn ich mich an ein bestimmtes Messer zum Filetieren gewöhnt habe, verwende ich es gerne und geschickt.

Einziges, objektives Kriterium bei der Wahl des Schneidwerkzeuges ist lediglich die Schärfe.

Ich persönlich benötige zum Filetieren kein Filetiermesser. Filetiermesser sind oft zu weich bzw. zu flexibel, sprich: Die Klinge lässt sich leicht biegen.

Beim reinen Schneiden, also „Runterfiletieren“ von Fischfilets, ist ein Standard-Schlachtmesser die beste Wahl. Beim Einstechen und Führen der Klinge auf der Wirbelsäule wird Kraft benötigt und eben auch eine stabile Klinge.

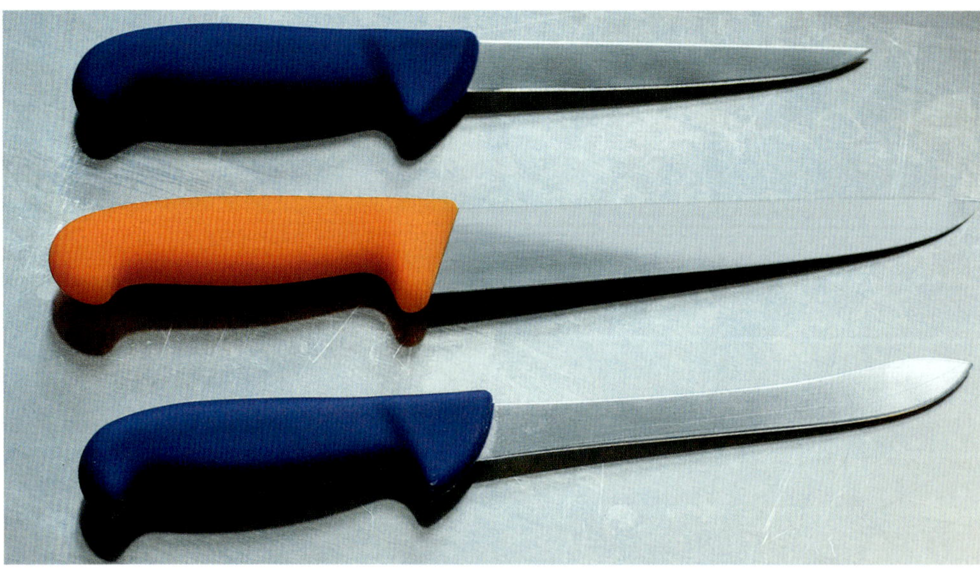

v. o. n. u.: Stechmesser mit kleiner und großer Klinge sowie Filetiermesser

GRUNDSATZ! Größe

Wählen Sie die Messergröße proportional zur Fischgröße.

Das Entfernen der Rippen (das Ausrippen) beim Filet ist auch mit dem einfachen Schlachtmesser möglich.

Feiner und dadurch verlustärmer geht das Ausrippen mit einem halbflexiblen Messer *(Semi-Flex)*.

Ein flexibles Messer benötige ich beispielsweise nur beim Filetieren des Seeteufels/Lotte, aber auch nur dann, wenn die feinen Unterhäute an der Karkasse verbleiben sollen.

Das Enthäuten der Fischfilets geht mit einem Schlachtmesser oder halbflexiblen Messer am besten von der Hand.

Halbflexible und steife Messerklinge

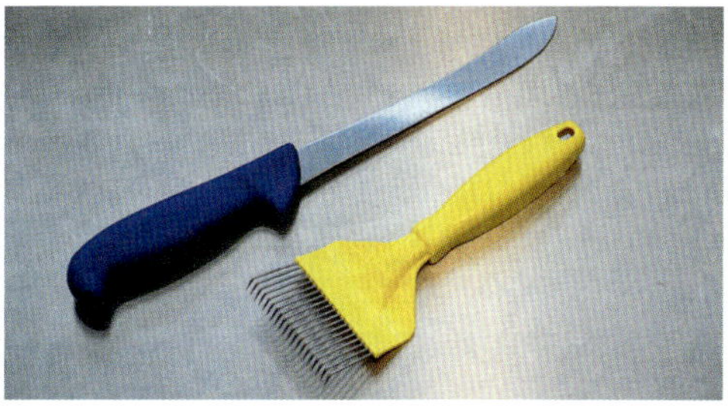

Halbflexibles Messer (Semi-Flex) und eine Filetiergabel

TIPP! Messer und Schneidbrett

Arbeiten Sie bei der Verwendung einer steifen Messerklinge immer an der Kante des Schneidbretts. Der Messergriff bleibt frei und berührt das Schneidbrett nicht.

Die Messerklinge kann so beim Schneiden flach hingelegt werden und Sie können ohne übermäßigen Druck verlustarm arbeiten.

Wird häufig kaltgeräucherte Ware, wie Lachs, Heilbutt oder auch gebeizter Fisch, aufgeschnitten, kann ein Messer mit Kullenschliff vorteilhaft sein. Diese Einkerbungen auf der Klinge verringern die Schnittoberfläche und die geschnittene Ware kann leichter von der Messerklinge abfallen.

Für ein Filetiermesser kann durchaus ein handfester Geldbetrag ausgegeben werden. Und ein teures Filetiermesser ist als Geschenk sicher eine schöne Geste.

Für den alltäglichen Gebrauch sind handelsübliche Messer aber ausreichend und leisten sehr gute Dienste.

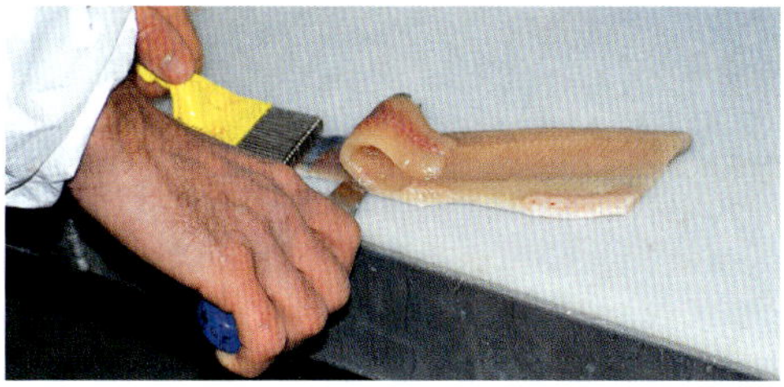

Arbeiten an der Kante des Schneidbretts

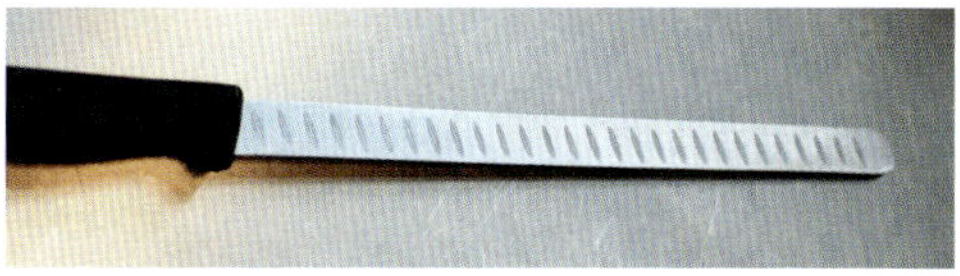

Messer mit Kullenschliff

AUF DIE SCHÄRFE KOMMT ES AN!

Einen äußerst unprofessionellen Eindruck bei der Verarbeitung von Lebensmitteln machen stumpfe Schneidwerkzeuge. In der Fischverarbeitung ist die Messerschärfe entscheidend für das Arbeitsergebnis!

Jedes Messer benötigt bereits nach kurzer Zeit ein so genanntes Abziehen mit dem Wetzstahl oder dem V-Schärfer. Dadurch wird die Schneide wieder aufgerichtet und das Messer behält länger seine Schärfe. Abhängig von der Gebrauchsintensität ist nach einer gewissen Zeit immer ein Grundschliff nötig. Dieser Grundschliff erfolgt nass, d. h., die Klingenfase wird unter Verwendung von Wasser oder Öl geschärft.

Beim Schleifen ist es möglich, einen V-Schliff oder U-Schliff beim Schärfen zu erstellen. Der V-Schliff ist zwar sehr scharf, hat aber nur wenig Standzeit. Der U-Schliff (auch Balliger Schliff genannt) ist nicht ganz so scharf, dafür aber robuster und von längerer Standzeit.

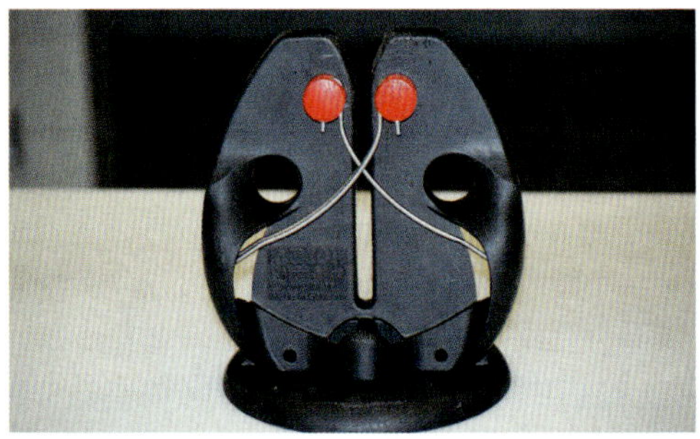

V-Schärfer

DIE FILETIER- ODER IMKERGABEL

Das aus der Imkerei stammende Werkzeug hat sich beim sachgerechten Filetieren bewährt. Ein unverzichtbares Werkzeug, das ich nicht mehr missen möchte!

Die Vorteile zur Verwendung einer solchen Gabel überzeugen:

- Das Berühren des Fischfilets mit den Fingern ist nicht nötig. Ein Vorteil besonders beim Lachsfilet, bei dessen weicher Fleischkonsistenz die Fingerkuppen leicht Beulen bis hin zu Rissen hinterlassen.
- Für den Kunden ist es kein appetitlicher Anblick, wenn die komplette Hand oder die Finger auf das gewünschte Filetstück drücken.
- Beim Parieren (Zuschneiden, in Form bringen) des Filets mit der Filetiergabel besteht kaum die Möglichkeit, sich zu verletzen.
- Das Enthäuten geht mit diesem Werkzeug schnell und sauber von der Hand.

Parieren/Trimmen von Fischfilet

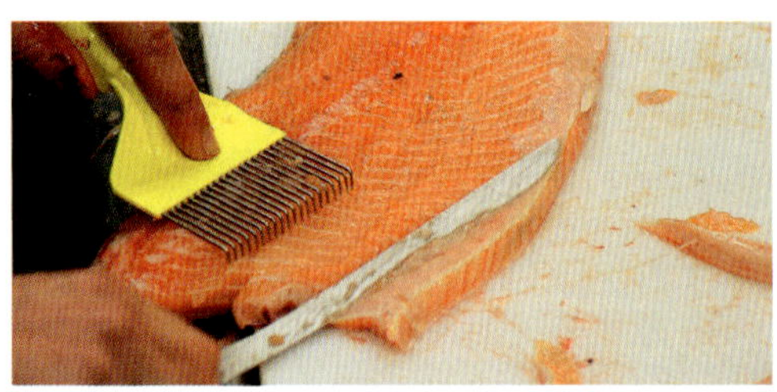

Arbeiten mit der Filetiergabel

EINE FRAGE DER TECHNIK: FILETIERTECHNIKEN – DIFFERENZIERT NACH FISCHART

Die Filetausbeute variiert von Fischart zu Fischart erheblich.

Sie ist abhängig von der Handhabung bzw. Technik der Anwender und dem richtigen, scharfen Schneidwerkzeug.

Schnittverletzungen vermeiden

Bleiben Sie zu Beginn des Filetierens mit den Fingern auf dem Fischkopf und mit dem Daumen unterhalb des Kiemendeckels.

So wird der Fisch sicher und stabil gehalten.

Rationelle Arbeitsweise

- Zuerst die ausgenommenen Fische filetieren.
- Danach die Rippen entfernen.
- Zuletzt die Filets parieren bzw. trimmen (siehe links).
- Stehen mehrere fachkundige Arbeitskräfte zur Verfügung, kann jede Mitarbeiterin und jeder Mitarbeiter einen dieser Zuschnitte übernehmen.

Halt und Schutz kann der Kopf geben.

WICHTIG! Kühlkette

Zwischen den Arbeitsschritten oder bei Arbeitsunterbrechungen soll die Kühlkette nicht unterbrochen werden. Fische oder Filets werden zwischen den Arbeitsschritten gekühlt.

Mit Eis: Salzwasserfische (Kabeljau, Seelachs, Rotbarsch ...)

Ohne Eis: Süßwasserfische (Lachs, Saibling, Karpfen)

Werkzeug & Hygiene

Um die Hygiene, die Arbeitssicherheit sowie die Produktqualität sicherzustellen, werden Filetiergabeln (siehe S. 42) benutzt. Schneidbretter und weitere Werkzeuge (Messer) werden in regelmäßigen Abständen zwischengereinigt.

BEACHTEN SIE

Ein umfangreiches Abwaschen/Wässern der Filetware ist nicht wünschenswert – bei einer sauberen Arbeitsweise ist es auch nicht nötig!
Liegen Fischfilets in Wasser oder zu lange ungeschützt auf Eis, werden diese an der Oberfläche der Fleischseite rau und können verblassen.

MASCHINELLES FILETIEREN VS. HANDARBEIT

Oder: Handarbeit ist noch gefragt

Ein großer Teil der Handelsware wird maschinell filetiert und anschließend von Hand weiter bearbeitet.

Filets von Fischen, die für Nematodenbefall relevant sind (siehe S. 36), werden dazu auf Leuchttischen pariert und eventuelle Wurmlarven entfernt.

Für die Herstellung von Räucherforellenfilets wird zum überwiegenden Teil der ganze Fisch heißgeräuchert (siehe Seite 155) und anschließend von Hand filetiert – und das sicher auch in der industriellen Produktion.

Ebenso Handarbeit ist das Filetieren von gereiftem, echtem Matjes, das Rollen von Rollmops und das Pulen von Nordseegarnelen. Selbst in Zeiten von Industrie 4.0.

Für die beiden letzten Beispiele wird (bzw. ist bereits) eine maschinelle Herstellung angestrebt.

Tipps vom Profi
Wie lässt sich die Filetausbeute erhöhen? Wie erhalte ich praktisch grätenfreie Filets? Durch spezielle Verarbeitungstechniken und gute fachliche Praxis.

Anhand einiger für den Handel und die Gastronomie relevanter Speisefischarten möchte ich Ihnen dazu im Folgenden ein paar Kniffe zeigen. Das küchenfertige Vorbereiten sowie das sichere Filetieren wird dabei vorausgesetzt.

Halbautomatische Filetiermaschine

Filetieren vom Rücken aus bei einem Wels/Waller

DAS FILETIEREN VOM RÜCKEN AUS

Für eine möglichst hohe Filetausbeute kann es sinnvoll sein, vom Rücken beginnend zu filetieren. Bei vielen wirtschaftlich genutzten Fischarten stehen die Rippen nämlich steil von der Wirbelsäule ab (Kabeljau, Wels, Zander) oder die Fische sind aufgrund des Schlachtkörpergewichts zu dick.

Ist das der Fall, dann wird direkt auf der zu filetierenden Seite am Rückenmuskel eingeschnitten. Der Schnitt erfolgt gerade, möglichst genau auf Höhe der oberen Dornfortsätze bis zur Wirbelsäule und auf ganzer Länge der Rippen.

Nach den Rippen wird entweder in die Bauchhöhle gestochen und wie gewohnt auf der Wirbelsäule fertig filetiert oder das Bauchfilet wird entlang der Rippenbögen „heruntergeschält".

Das „Runterschälen" empfehle ich nur bei Fischen mit fleischigem Bauchfilet, wie z. B. Karpfen mit einem Schlachkörpergewicht von mehr als 2 kg, um Löcher im Bauchfilet zu vermeiden.

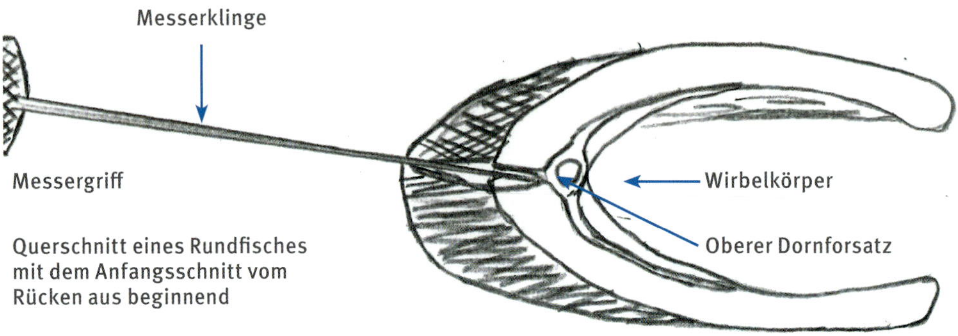

Querschnitt eines Rundfisches mit dem Anfangsschnitt vom Rücken aus beginnend

Folgende Fischarten können – je nach Schlachtkörpergewicht – vom Rücken beginnend filetiert werden:

- **Barschartige**
  ab ca. 0,5 kg Schlachtkörpergewicht
- **Kabeljau- und Welsartige**
  ab ca. 1 kg Schlachtkörpergewicht
- **Karpfenartige**
  ab ca. 2 kg Schlachtkörpergewicht

DAS FILETIEREN DURCH STECHEN AUF DIE WIRBELSÄULE

Stechen Sie auf der zu filetierenden Seite direkt oberhalb der Wirbelsäule durch. Der Stich muss exakt auf der Wirbelsäule sein, kann aber problemlos korrigiert werden. Die Messerklinge ist damit gleich zu Beginn auf der richtigen Höhe und es entsteht kaum Fleischverlust.

Ein weiterer Vorteil beim Stechen: Das Problem des Kopfabknickens (v. a. bei Weißfischen) wird deutlich minimiert. Wenn der Kopf dennoch abbricht, wird der Fisch mit einer Filetiergabel an der Wirbelsäule eingehakt und fixiert.

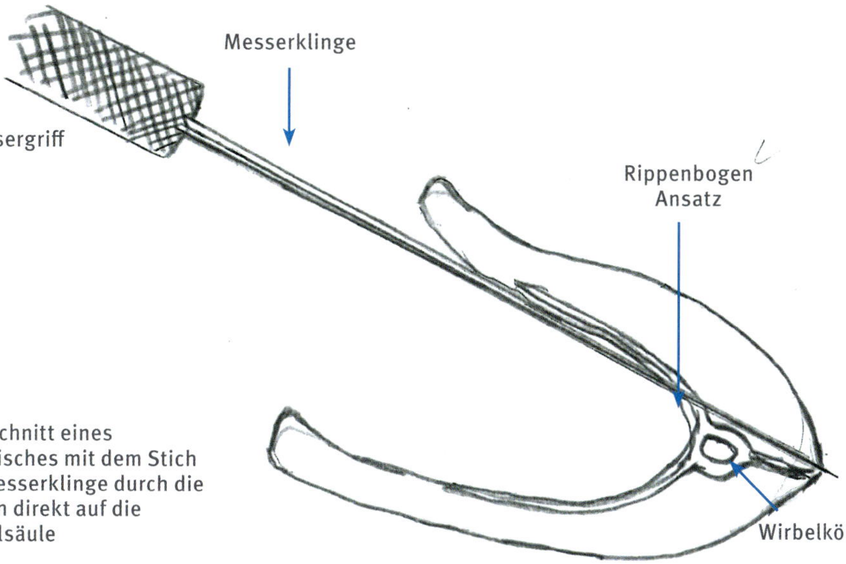

Querschnitt eines Rundfisches mit dem Stich der Messerklinge durch die Rippen direkt auf die Wirbelsäule

Folgende Fischarten können – je nach Schlachtkörpergewicht – durch Stechen auf der Wirbelsäule beginnend filetiert werden:

- **Salmoniden**
  ab ca. 0,5 kg Schlachtkörpergewicht
- **Barschartige**
  unter 0,5 kg Schlachtkörpergewicht
- **Kabeljau- und Welsartige**
  unter 1 kg Schlachtkörpergewicht
- **Karpfenartige**
  unter 2 kg Schlachtkörpergewicht

FILETIERMETHODEN IM VERGLEICH

Zugegeben, es dreht sich bei den beiden oben beschriebenen Methoden – je nach Größe des Fisches – um max. 1 cm Fleischverlust bzw. -gewinn. In der industriellen Produktion oder beim Filetieren auf Akkordniveau also – salopp ausgedrückt – ein „Fliegenschiss“.

Doch ist gerade das Rückenfilet/Loin das hochwertigste Stück am Filet!

Direktvermarkter sollten also mit einem so hochwertigen Lebensmittel auch entsprechend effizient und professionell umgehen.

FISCHHANDWERK FILETIEREN UND BEARBEITUNG NACH FISCHART

RENKEN- ODER FELCHENFILET

Vorab: Renken werden grundsätzlich sorgfältig geschuppt.

Erfolgt das Entschuppen mit Hilfe einer Schuppmaschine, ist ein manuelles Nachschuppen unbedingt nötig!

Die Renke gehört zu den Salmoniden und ist dadurch grätenfrei. Bereits beim Ausnehmen der Renke können die Bauchflossen mit Hilfe von Messerrücken und Daumen gezogen werden. Die Herstellung von Filets geht so deutlich schneller.

Renken verfügen nur über ein zweites echtes Rippenpaar (siehe S. 73). Bei den marktüblichen Größen (ca. 200 g+) ist ein Entfernen dieser Stehgräten nach dem Filetieren nicht unbedingt nötig, da diese beim Verzehr kaum stören.

Renken/Felchen frisch aus dem Netz

ACHTUNG! Ziehen der Bauchflosse

Bei anderen Salmoniden (Forelle, Saibling etc.) ist das vorherige Ziehen der Bauchflossen nur mit großem Kraftaufwand möglich und kann zu Schnittverletzungen führen!

Qualitätshinweis

Besteht beim Ursprungsgewässer Verdacht auf einen Befall mit Hechtbandwurm-Finnen (siehe S. 88), sind betroffene Filets, etwa durch sichtbare eitrige Einschlüsse, zu verwerfen.

Vermarktbare Nebenprodukte der Renke

Leber, Rogen, Karkasse

DER „AUSGEZOGENE“ BARSCH

Für den Flussbarsch ist noch eine spezielle Veredelungsmethode bekannt: Der so genannte „ausgezogene“ Barsch.

Ritzen Sie die Haut entlang der Rückenflosse auf. Dann wird dem runden (nicht ausgenommenen!) Barsch vom Rücken her die Haut abgezogen. Danach wird der Kopf samt Innereien entfernt und zum Schluss werden die Flossen abgezogen.

Grundsätzlich ist diese Veredelungsmethode für alle Kammschupper (Zander, Wolfsbarsch ...) geeignet, da die Haut leicht abgezogen werden kann.

Bei den meist kleineren Flussbarschen geht diese Methode aber leichter von der Hand. Auf dem Teller zubereitet, sieht der Fisch besonders ansprechend aus.

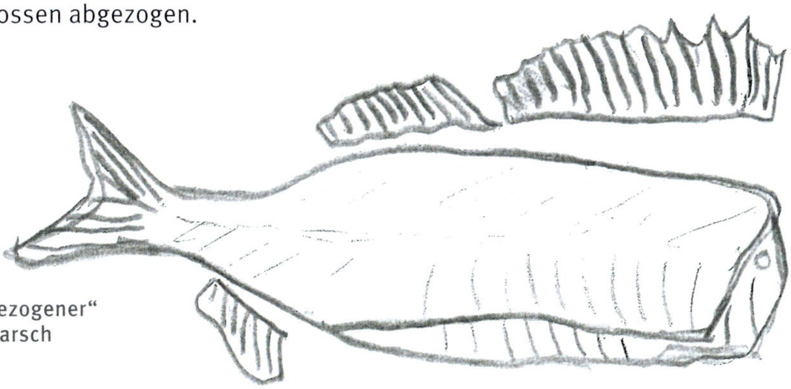

„Ausgezogener“ Flussbarsch

KUNDENTIPP

Knusprige Fischhaut

Bei barschartigen Fischen, wie Zander, Flussbarsch oder Wolfsbarsch, empfiehlt sich das gründliche Schuppen der Haut. Sie ist sehr schmackhaft und wird, wenn sorgfältig geschuppt, schön knusprig.

RUTTENFILET

Was die Fleischkonsistenz betrifft, vergleiche ich die Rutte – auch Quappe oder Trüsche genannt – gerne mit dem Seeteufel.

Die Rutte gehört zu den dorschartigen Fischen, lebt aber im Süßwasser und hat somit, wie ihre Verwandten aus dem Salzwasser, tiefsitzende Rippen und Stehgräten. Rutten sind selten; wenn überhaupt sind sie als Beifang der Bodennetzfischerei regional erhältlich.

Das Filetieren der Fische lohnt aufgrund der Größen meist nicht. Ich empfehle, diesen wunderbaren Speisefisch zu häuten und den Kopf zu entfernen. Der Flossensaum lässt sich – leicht eingeschnitten – wie ein „Reißverschluss“ entfernen. (Vgl. „ausgezogener Barsch“, S. 49)

Hat eine Rutte doch eine annehmbare Größe zum Filetieren, so kann man die tiefsitzenden Stehgräten entfernen und erhält praktisch grätenfreie Filets. Beim dafür nötigen V-Schnitt (siehe S. 72) werden die Filets jedoch teils zerschnitten. Sie müssen also zwischen Optik und „Convenience“ abwägen.

Nebenprodukte

Leber und, falls sich das Filetieren lohnt, Karkasse

WELS- ODER WALLERFILET

Im Handel wird überwiegend rotfleischiges, seltener auch ein weißfleischiges Welsfilet angeboten. Bei den rotfleischigen handelt es sich um afrikanische Welse *(Clarias gariepinus)*, beim weißfleischigen um den europäischen Wels/Waller *(Silurus glanis)*. Bei beiden Arten ist auf gut gehälterte (gewässerte) Ware zu achten!

Für praktisch grätenfreie Filets werden die Rippen aus dem Filet entfernt. Stehgräten sind nicht vorhanden.Die Rippen beim Wels sind vergleichsweise kurz und sitzen tief, direkt im Muskelfleisch und nicht im Inneren der Bauchhöhle!

Dies ist eine spezifische Besonderheit im Vergleich zu anderen Fischen.

Afrikanischer Wels

Europäischer Wels/Waller

Grätenfreies und rotfleischiges afrikanisches Welsfilet

In der industriellen Verarbeitung werden nicht die Rippen selbst herausgeschnitten. Statt dessen wird der Teil des Bauchfilets, der die Rippen enthält, vom Filet abgeschnitten. Aus den Abschnitten werden beispielsweise Fischbratwürste hergestellt.

Ein derart hoher Verlust darf in der handwerklichen Verarbeitung nicht erfolgen.

Zugegeben: Das Herauslösen der Rippen, ohne das Filet in zwei Teile zu schneiden, erfordert Übung. Gelingt dies nicht oder ist der „Umstand“ schlichtweg zu groß, kann das Filet auch an den Rippenansätzen getrennt werden und die Rippen im Anschluss in Wuchsrichtung leicht entfernt werden. Das nun grätenfreie Bauchfilet kann vermarktet werden.

Die Haut beim Wels ist schuppenfrei, aber ledrig. Sie wird vor der Zubereitung entfernt. Achten Sie penibel darauf, jegliche Fettränder und Flossenträger zu parieren!

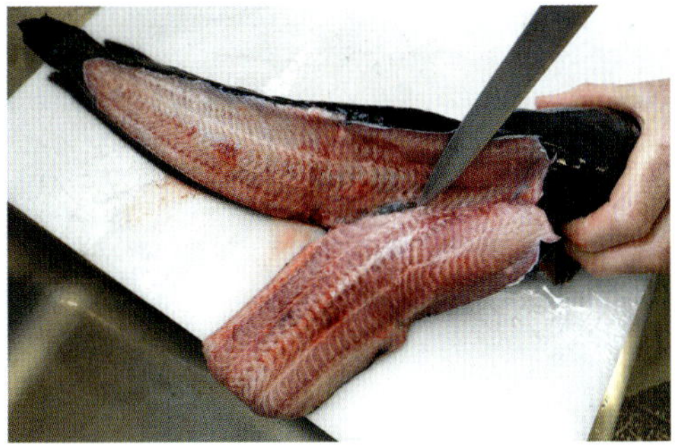

Verlustminimieren beim Filetieren vom Rücken aus beim Wels/Waller

Wels-/Wallerfilet mit tiefsitzendem Rippenschnitt und entsprechender Karkasse

KUNDENTIPP

Zubereitung weißes und rotes Welsfilet

Der heimische, weißfleischige Wels/Waller wird am besten im Wurzelsud pochiert oder mit frischen Kräutern kurz angebraten.
Das rote Fleisch des afrikanischen Welses kann kräftig gewürzt oder mariniert für gebratene Spieße oder zum Grillen zubereitet werden.

HECHTFILET

Wie ein Hechtfilet praktisch grätenfrei zu schneiden ist, wird auf den Seiten 52–54 gezeigt. Auch in dem anschaulichen Merkblatt oder der Bilderserie *Herstellung grätenfreier Hechtfilets* vom Institut für Fischerei in Starnberg beschrieben.

Link:

https://www.lfl.bayern.de/ifi/flussfischerei/030967/index.php

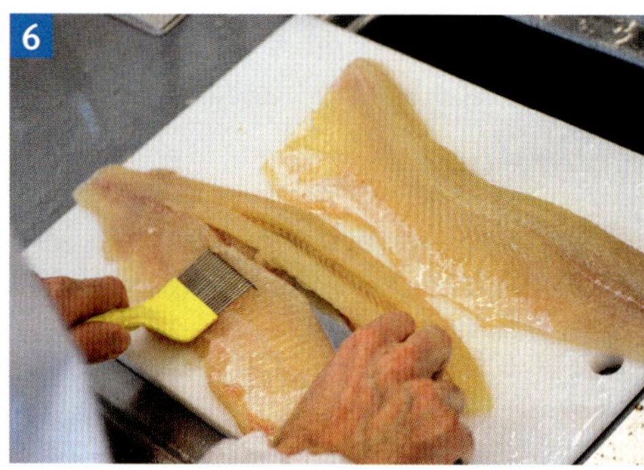

Bild 1–2: Grätenstrang oben freilegen (siehe Skizze S. 55).
Bild 3–6: Grätenstrang unten freilegen.

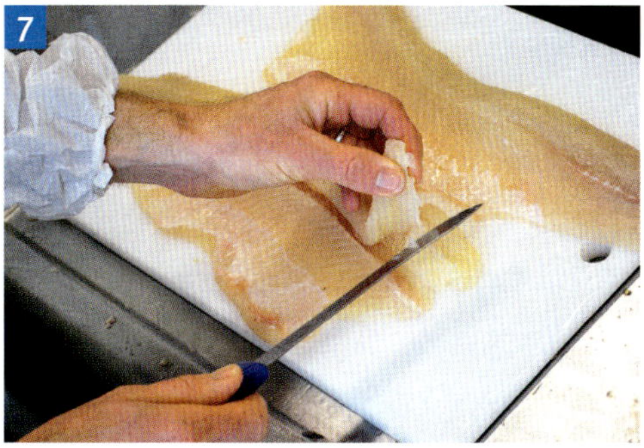

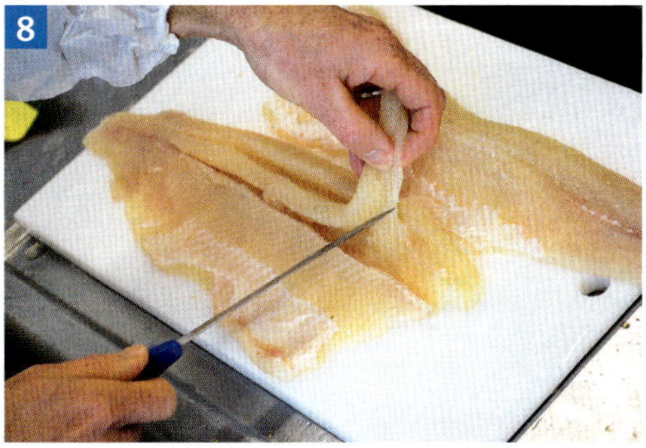

Bild 7–11: Grätenstrang herausziehen, dabei ggf. am Fischfilet gegenhalten.

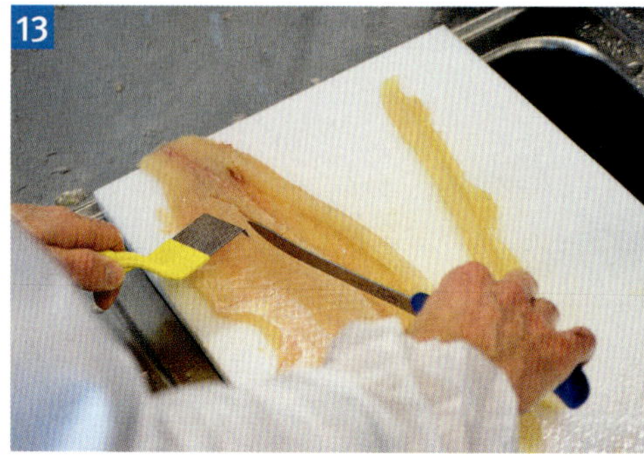

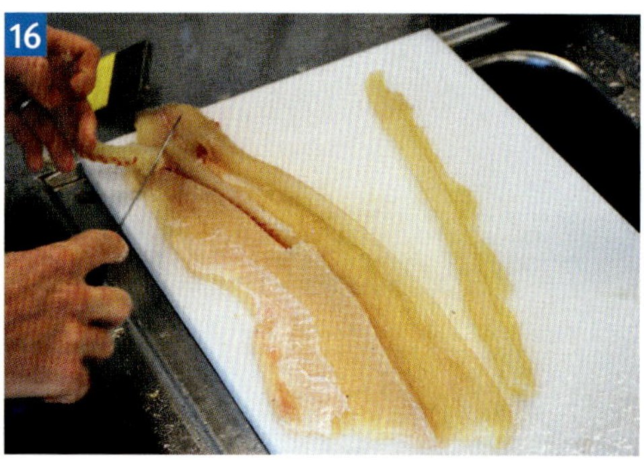

Bild 12–16: Erster Schnitt: Das Hechtfilet auf Höhe und Länge der ehemaligen Afterflosse ein- und durchschneiden; den zweiten Schnitt ca. 1 cm unterhalb von ersten Schnitt setzen: ebenfalls durchschneiden und herausziehen.

Bild 17–18: Vorder- und Rückseite des grätenfreien Hechtfilets mit den entfernten Grätensträngen

Wie bei den meisten praktischen Fertigkeiten bedarf es zum Schneiden eines praktisch grätenfreien Hechtfilets Übung.

Die Filetausbeute ist deutlich geringer und der zeitliche Aufwand, zumindest am Anfang, höher. Der Verlust ist um etwa ¼ geringer, wenn das Filet an der Haut verbleibt. Diese muss dann gründlich geschuppt sein! Erfahrungsgemäß ist die Bereitschaft, für dieses Produkt einen höheren Preis zu zahlen, aber gegeben. Das grätenfreie Produkt setzt sich mehr und mehr durch und dieser wunderbare Fisch erfährt zunehmend kulinarische Anerkennung.

Nebenprodukte

Karkasse, Grätenstränge für Farce und Fond, Rogen, Leber

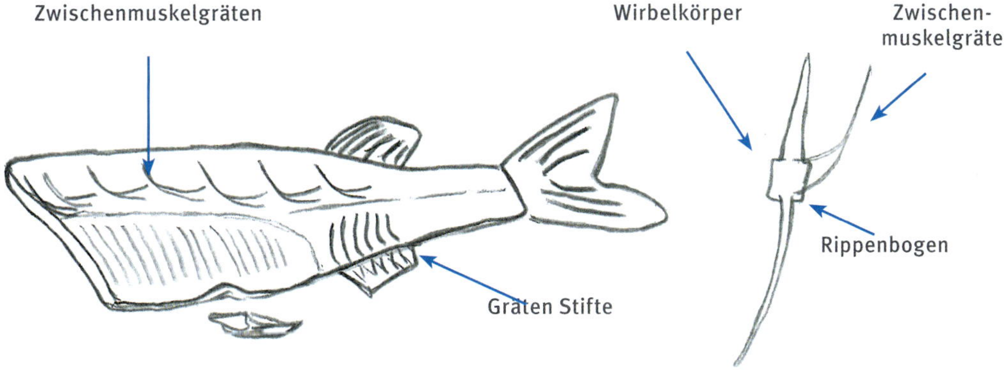

Links – Lage der Zwischenmuskelgräten und Grätenstifte im Schlachtkörper
Rechts – Draufsicht auf einen Wirbelkörper mit darüberliegender Zwischenmuskelgräte

KUNDENTIPP

Verwendungsmöglichkeit von mageren Süßwasserfischen

Hecht ist, genau wie Zander oder Barsch, ein magerer Fisch.

Für die warme Zubereitung empfehle ich immer eine zusätzliche Fettkomponente zum Abrunden des Eigengeschacks (z. B. Speck, Sahne).

Als Kaltspeise eignen sich Hecht und Co. sehr gut für Tatar oder Ceviche.

WEISSFISCHFILET

Als Weißfische werden umgangssprachlich alle karpfenartigen Fische bezeichnet. Im Englischen wird hingegen die Renke/Maräne als Whitefish bezeichnet.

Karpfenartige Fische sind wohlschmeckend, vorausgesetzt, sie sind gut gehältert/gewässert oder kommen aus Netzfängen mit einwandfreier Wasserqualität.

Weißfische werden entweder geschuppt oder enthäutet.

Achten Sie darauf, dass gerade bei Filets von Weißfischen, wie Rotaugen, Aitel/Döbel, keine Schuppen an der Rohware haften bleiben!

Beim kurzen Abwaschen mit kaltem Wasser oder Eiswasser werden die allermeisten Schuppen entfernt. Ein zusätzlicher Vorteil des kurzzeitigen (!) Waschens in kaltem Wasser ist der weitere Blutentzug aus der Muskulatur.

Nebenprodukte

Karkassen, beim Karpfen: Leber, Milch, Rogen

Frische Weißfische aus dem Netz

Das Schuppen mit einem Fischschuper

EINE ALTERNATIVE ZUM SCHUPPEN – DER SCHUPPENTASCHENSCHNITT

Der Schuppentaschenschnitt hat seinen Ursprung in Osteuropa und wird bei Fischen mit großen Rundschuppen angewandt (Schuppenkarpfen, Giebel, Amurkarpfen). Die Schuppentaschen werden entfernt und die silbrig graue Unterhaut mit ihrer schönen Maserung bleibt erhalten. Nach meiner Erfahrung gelingt der Schnitt nicht bei Brachsen/Blei. Am dünnen Bauchlappen verletzt man dabei zu leicht das Fischfleisch.

Es handelt sich bei dieser Methode weniger um ein Schuppen, denn ein Schneiden, das zwischen Schuppentaschen und Unterhaut erfolgt. Am Rumpf und den Flossenansätzen ist der Schnitt aber nicht immer anwendbar, da hier die Messerführung schwerfällt.

Bei entsprechender Übung ist der Taschenschnitt eine zügige und saubere Alternative zum normalen Schuppen. Das lästige Umherfliegen von Schuppen findet dabei kaum statt.

Eine sehr anschauliche Bilderserie dazu ist vom niederösterreichischen Teichwirteverband erstellt worden.

Link:

www.teichwirteverband-noe.at/download+2500++2633250+7330

Die Haut wird von der Schwanzwurzel ...

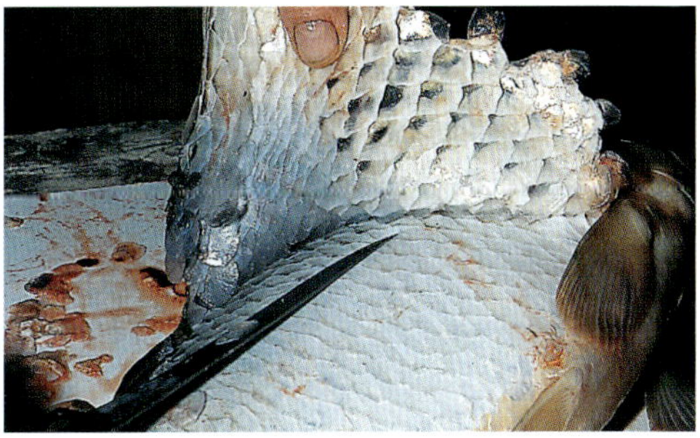

... über den Rücken ...

... zum Bauch und Kopf gezogen.

Abgehäuteter Karpfen und Schuppenkarpfen

„PRAKTISCH GRÄTENFREI“

Die große Herausforderung in der Verarbeitung von karpfenartigen Fischen sind ihre Zwischenmuskelgräten. Die meisten dieser Zwischenmuskelgräten sind Y-förmig und können nicht, wie bei den lachsartigen Fischen, mit einer Pinzette herausgezogen werden. Hinzu kommt, dass die Anzahl dieser Gräten, je nach Fischart, sehr hoch ist und sie über das gesamte Rückenfilet und den Schwanzteil verteilt sind.

Größere Karpfen, Brachsen oder Amurkarpfen können im Ganzen oder als Filets ohne jegliche Bearbeitung genussvoll verzehrt werden. Die Zwischenmuskelgräten sind beim Verzehr leicht zu sehen. Auch ist der Bauchteil, welcher nach dem Filetieren frei von den Rippen ist, komplett grätenfrei.

Die Fischfilets werden quer zum Grätenverlauf, von der Fleischseite zur Hautseite hin, eingeschnitten. Dieses Zerkleinern der Y-Gräten kann für den Hausgebrauch mit einem Küchenmesser erfolgen. Optimalerweise ist die Klinge des Messers breiter als der Griff.

Wirklich entscheidend ist das exakte Einschneiden des Filets bis fast an die Haut, im Abstand von 2–3 Millimetern. Möglich ist das Einschneiden auch bei Filets ohne Haut. Beide Verarbeitungsformen benötigen eine gewisse Übung und sollten bei wenig praktischer Erfahrung langsam und genau erfolgen.

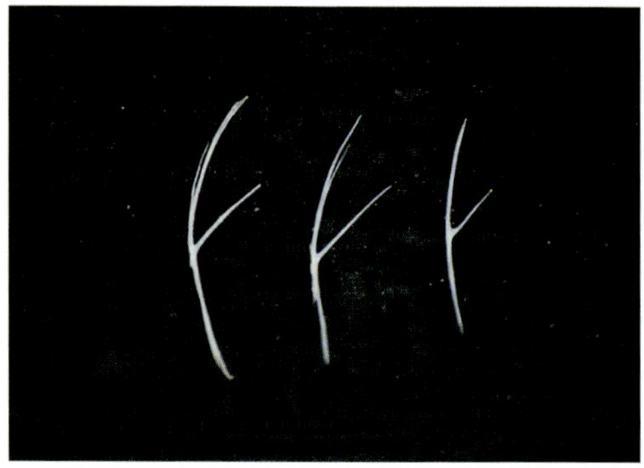

Y-Gräten vom Rapfen/Schied

Y-Gräten vom Hecht

ACHTUNG! Abstand

Ist der Abstand zwischen den Einschnitten größer als 2–3 Millimeter, ist das für den Verzehr schlechter als ein nicht eingeschnittenes Filet.

Die Größe der Grätenstücke ist zu groß, um gefahrlos verzehrt zu werden, aber andererseits zu klein, um die Gräten gut zu erkennen und beim Verzehr zu entfernen.

Für das gewerbliche Einschneiden von Weißfischfilets haben sich Grätenschneider in verschiedenen Größen und Ausführungen bewährt. Dieses Gerät verfügt über eine Messerwalze, die im nötigen Abstand von 2–3 Milimetern die Fischfilets exakt einschneidet. Die zu bearbeitenden Fischfilets werden mit der Hautseite nach unten und der Bauchseite voran in das Gerät geführt.

Praxis-Check
„Praktisch grätenfreie" Weißfischfilets

Grätengeschnittene Fischfilets dürfen nach Leitsatz als „praktisch grätenfrei" deklariert werden.

Hier noch ein Tipp von einem Berufskollegen vom bayerischen Teil des Bodensees:

Schneidet man die letzten Zentimeter (bei Weißfischen ab 15 cm) des Schwanzstückes kurz vor Ende ab, werden die dicken und flachen Grätenstifte mit entfernt. Dieser Teil der Zwischenmuskelgräten ist nicht mehr y-förmig sondern gerade, recht dick und liegt flach unter der Fischhaut. Selbst der oben genannte Grätenschneider kann diese kaum noch zerteilen.

Meine Empfehlung: Akzeptieren Sie diesen Fischverlust zugunsten praktisch grätenfreier Ware.

SEETEUFELFILET

Dieser hervorragende Speisefisch hat keinerlei Gräten, besitzt festes weißes Fleisch und ist sehr mager.

Wenn Sie den Fisch als Ganzes erhalten, empfehle ich Ihnen, nach Entfernen des Kopfes die Bäckchen herauszuschneiden – sie ergeben bei dem recht großen Kopf des Fisches eine lohnende Portion!

Messer eines handbetriebenen Grätenschneiders

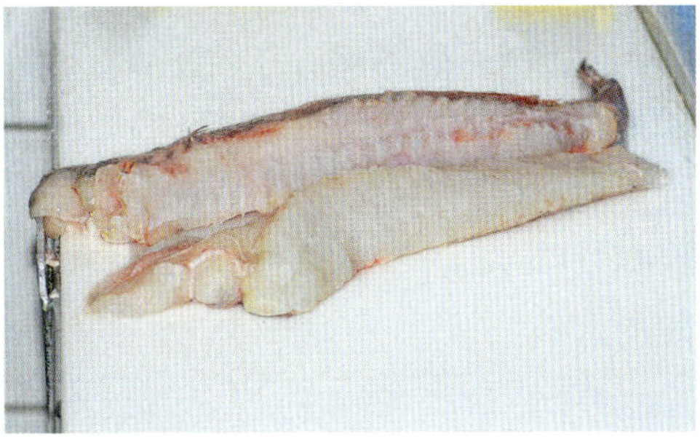

Grätenfreies ungetrimmtes Seeteufelfilet

Überwiegend wird der Seeteufelschwanz (ausgenommen ohne Kopf – aoK) getrimmt und ohne Bauchlappen (Schutz vor Nematoden) gehandelt.

Das fertige Filet zu bestellen, ist wirklich verlorener Ertrag!

Den Seeteufelschwanz zum Filet zu bearbeiten, ist leicht und erfordert kaum praktische Erfahrung. Zuerst wird die Haut vom Fisch abgezogen. Sie ist sehr fest und ein kurzer Anschnitt genügt, um einen „Griff" zu bekommen. Anschließend entfernt man die Haut in Richtung Schwanz und legt den enthäuteten Fisch auf den Rücken. Entlang der Wirbelsäule werden nun sparsam die Filets auf beiden Seiten heruntergeschnitten.

Nebenprodukte

Karkasse, Bäckchen

Praxis-Check
Fein getrimmtes Seeteufel-Filet

Soll das Filet küchenfertig pariert werden, sind die feinen Unterhäute gleich zu entfernen. Sie müssen gründlich weggeschnitten werden, da sie sich beim Erhitzen zusammenziehen, zäh sind und das schöne weiße Filet optisch nicht zur Geltung bringen.

Wird das Seeteufelfilet nicht unmittelbar zubereitet – also weiter gelagert –, bleiben die Unterhäute zum Schutz vor Eis und Austrocknung bis zur Verarbeitung am Filet.

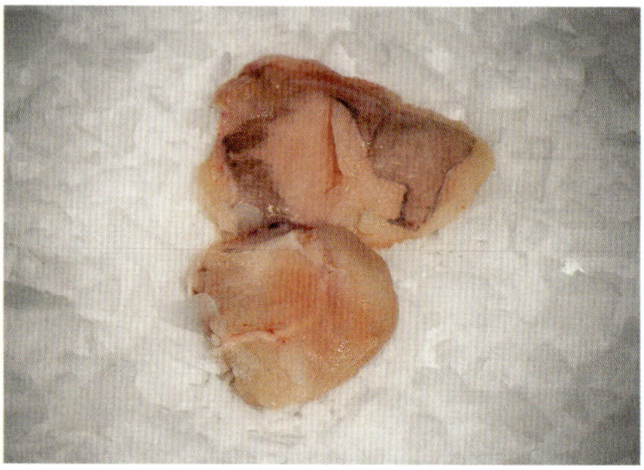

Seeteufelbäckchen auf Eis

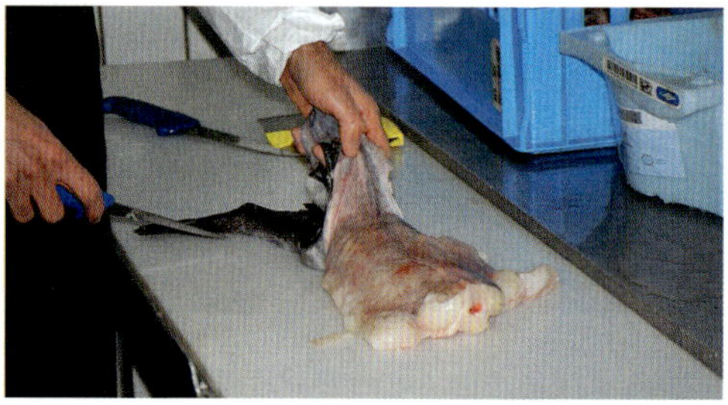

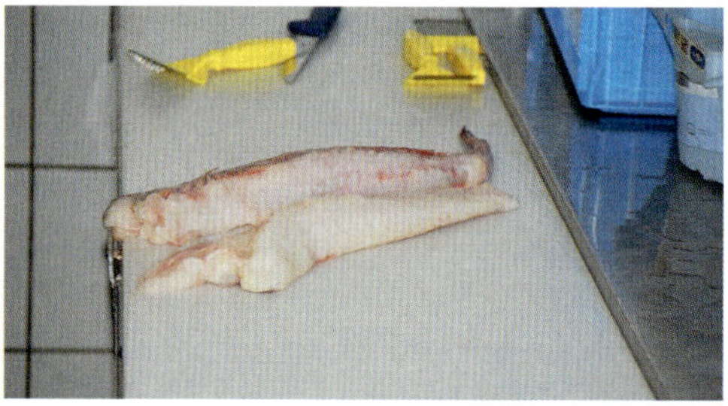

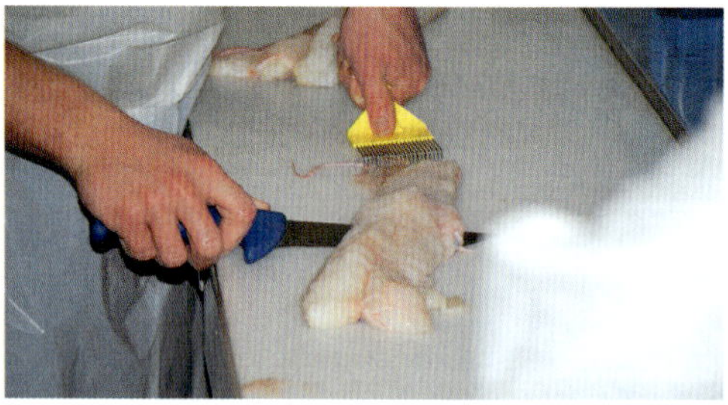

v. o. n. u.: Das Häuten des Seeteufelschwanzes, ein gehäutetes Seeteufelfilet, das Entfernen der Unterhäute mit Hilfe einer Filetiergabel

LACHSFILET

Der Lachs ist einer der bedeutendsten Wirtschaftsfische. Für den europäischen Markt kommt der überwiegende Teil aus Norwegen, wo der Atlantische Lachs *(Salmo salar)* nach dem Rohöl der größte Wirtschaftsfaktor ist. Entsprechend findet rund um die relevanten Themen wie Zucht, Fütterung, Verarbeitung enorm viel Forschung und Entwicklung statt.

Dank einer bemerkenswerten Logistik ist die Frische der Ware, die in Deutschland eintrifft, überwiegend gut. Vom Großhandel und den fischverarbeitenden Betrieben werden überwiegend getrimmte und praktisch grätenfreie Lachsfilets bestellt.

Die Lachse werden dafür in den Produktionsländern (Norwegen, Schottland, Irland) geschlachtet und gekühlt. Die Fische befinden sich nun in einem Stadium vor der Totenstarre (pre-rigor-Stadium). In diesem Zeitraum von ca. 3–5 Tagen nach dem Schlachten müssen die Fische gekühlt ruhen, um Qualitätseinbußen zu vermeiden – meist auf dem LKW in Richtung Fischverarbeiter.[9]

Beim Fischverarbeiter werden die Lachse dann filetiert und nach Kundenwunsch getrimmt (Trimmstufen: siehe S. 62).

Lachsfilet

Atlantischer Lachs

9 Verfahren zur Herstellung von rohen Fischprodukten, www.patent-de.com. Zugriff am 04. 12. 2018.

CHANCEN FÜR DIREKTVERMARKTER

Direktvermarkter können durch den Kauf ganzer Lachse (amK) einen bedeutenden Frischevorteil von mehreren Tagen erzielen.

Die „Entspannungszeit", in welcher die Lachse vom Schlachtbetrieb zum Verarbeiter verbringen/ruhen, können als Frischevorteil für die eigene Kundschaft genutzt werden!

In punkto Frische rechnet sich das Filetieren ganzer Lachse in jedem Fall. Ob sich das Filetieren monetär rechnet, ist u. a. abhängig von den vorhandenen, geschulten Arbeitskräften (manpower), der Filetausbeute und natürlich vom Einstandspreis. Nebenprodukte zu nutzen bzw. zu vermarkten, kommt als Plus hinzu.

Achten Sie beim Umgang mit dem Lachsfilet (Hantieren, Verpacken, Thekenbau etc.) auf besondere Sorgfalt. Die weiche Fleischkonsistenz führt leicht zum so genannten „Gaping" – dem Aufreißen des Filets. Das gilt es in jedem Fall zu vermeiden!

Wird Lachsfilet bestellt, hat der Kunde die Wahl zwischen verschiedenen Bearbeitungsstufen bzw. Trimmstufen. Beim Lachsfilet für den europäischen Markt kann zwischen den Trimmungen A bis E gewählt werden. Hier gilt der Grundsatz: Je weiter man in das Alphabet geht, desto mehr wurde pariert, also getrimmt. Jeder Bearbeitungsschnitt kostet also Gewicht, Zeit und somit Geld!

Übersicht der Trimmstufen und ihrer Bearbeitungsinhalte

- **A** – Wirbelsäule und Bauchrippen entfernt
- **B** – Bearbeitung wie Trimmstufe **(TS) A** plus Flossenträger Rücken-, Bauchflosse, Kragenknochen und Bauchfett teilweise entfernt
- **C – TS A, B** plus Stehgräten gezogen
- **D – TS A, B, C** plus Bauchfett und Innenhaut sowie Schwanzspitze entfernt und voll getrimmt mit Haut
- **E – TS A, B, C, D** plus Haut entfernt
- Die häufigste Trimmstufe beim Lachsfilet ist **D**.

Der Fleck muss weg

Ein im Handel oft auftretendes Phänomen ist ein dunkler Fleck auf dem Lachsfilet. Dieser Fleck kommt nach Aussage der Produzenten vom Impfen der Fische – eine Aussage, die für mich allerdings nur schwer nachzuvollziehen ist. Eine hochentwickelte Lachsindustrie, die Ektoparasiten, wie der Lachslaus, mit Laserstrahlen gezielt zu Leibe rücken kann, vermag diesen unschönen Fleck nicht zu vermeiden ...?

Händlern bzw. Inverkehrbringern bleibt also nichts anderes übrig, als den Fleck herauszuschneiden oder die Rohware so zu veredeln, das nichts mehr davon zu sehen ist.

Impffleck im Bauchfilet eines Zuchtlachses

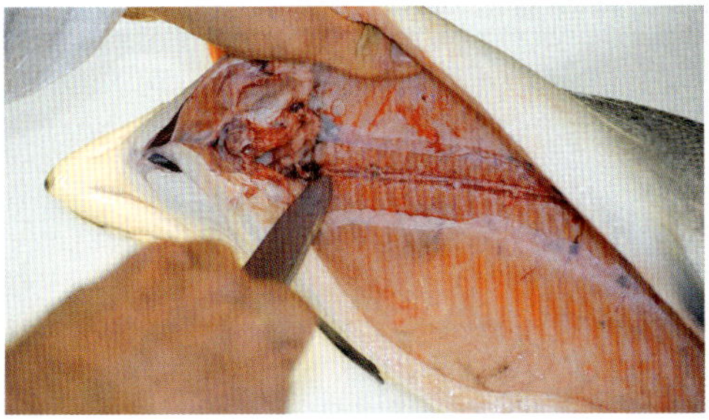

Auf Wirbelsäule einstechen.

Die Messerklinge auf der Wirbelsäule mit ca. einem 25°-Winkel führen.

Die komplete Fischlänge durchfiletieren, dabei die Winkel beachten.

Nun wird der Fisch ...

... schräg hinter dem Kopf durchgeschnitten.

Die Brustflosse bleibt am Kopf.

Sonderfall Pazifischer Wildlachs

Wird Pazifischer Wildlachs *(Oncorhynchus spp.)* gehandelt oder verarbeitet, verbleiben die Stehgräten im Filet. Die Rohware wird zum Abtöten der Nematoden und zur Bevorratung direkt nach dem Filetieren eingefroren (pre-rigor-Ware).

Praxis-Check
Umgang mit Lachsfilet

- Gaping durch vorsichtigen Umgang vermeiden.
- Kragengräten ziehen (siehe S. 71).
- Beim Wildlachsfilet Stehgräten ziehen und Auftauhinweis an das Thekenschild stecken.
- Filetware vor direkten Kontakt mit Eis schützen.
- Auf eine saubere Trimmung achten.
- Ggf. schwarzen Fleck entfernen oder Ware beispielsweise räuchern.

Die „Global Player" des Fischhandels und der Küche

Gestatten: Der Pazifische Lachs *(Oncorhynchus spp.)* und der Atlantische Lachs *(Salmo Salar)*. Zwei wirtschaftlich bedeutende Arten und echte „Global Player" im Fischhandel.

Pazifische Wildlachse haben deutlich weniger Fett als ihre atlantischen Kollegen und sind damit weniger reich an fettlöslichen Vitaminen wie A, D und E.

WICHTIG! Stehgräten

Es ist ein absolutes „Muss", die Stehgräten vor der Abgabe an den Kunden zu entfernen!

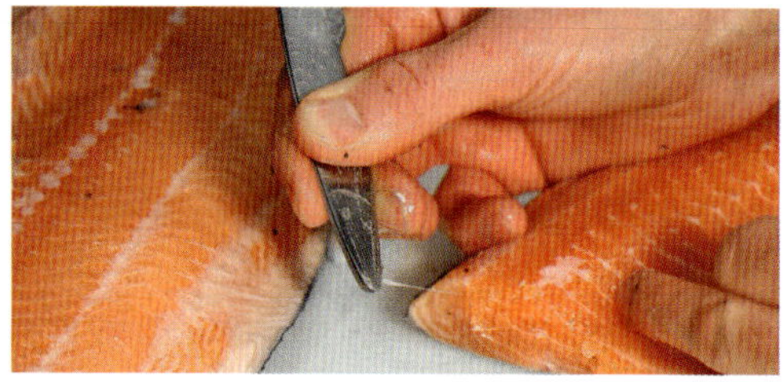

Die Stehgräten mit Hilfe einer Pinzette zupfen

Vergleich Atlantischer und Pazifischer Lachs

Jede Art eignet sich damit für ganz bestimmte Formen der Zubereitung: Zum Heißräuchern, Grillen oder Braten ist der Atlantische Lachs die bessere Wahl.

Zum Kalträuchern, Dämpfen, Pochieren hat der Pazifische Lachs die Flossen vorn.[10]

10 Witzigmann und Teubner, Teubner spezial: Lachs & Forelle, S. 8–15.

Lachsart	Eigenschaften	Fettgehalt
Atlantischer Zuchtlachs *(Salmo Salar)*	■ Marktreife mit ca. 18 Monaten ■ Fleischfarbe Rot durch Fütterung v. Carotinoiden ■ gleichbleibende Fleischqualität	11–18 %
Atlantischer Wildlachs	■ Fangfähiges Alter ab 4 Jahren ■ Fleischfarbe und Fleischqualität schwankt	10–13 %
King Salmon Königslachs Chinook *(Oncorhynchus tschawytscha)*	■ Größter Pazifischer Wildlachs ■ feinste Fleischqualität ■ beliebt und hochpreisig ■ Fleischfarbe und Fleischqualität schwankt	8–10 %
Silberlachs Coholachs *(Oncorhynchus kisutch)*	■ Sehr schmackhaftes Fleisch ■ wird auch im Süßwasser gezüchtet ■ Fleischfarbe und Fleischqualität schwanken ■ der Rogen wird als Kaviar vermarktet	5–8 %
Sockeyelachs Rotlachs *(Oncorhynchus nerka)*	■ Wird in großen Mengen gefangen ■ Fleischfarbe teilweise extrem Rot ■ Fleischqualität schwankt stark	5–7 %
Buckellachs Pinklachs *(Oncorhynchus gorbuscha)*	■ Fleischfarbe und Fleischqualität schwanken stark und werden teilweise für Convienceprodute verwendet ■ der Rogen wird als Kaviar vermarktet	3–5 %
Keta-Lachs Chum Salmon *(Oncorhynchus Keta)*	■ Kommt als ganzer Fisch (aoK) in den Handel ■ der Rogen wird als Kaviar vermarktet ■ Fleischfarbe und Fleischqualität schwanken	3–5 %

Am Markt erhältliche Lachsarten mit ihren entsprechenden qualitativen Eigenschaften

„SIND DA GRÄTEN DRIN?“ GRÄTEN IM MUSKELFLEISCH

Gräten im Fisch und in Fischprodukten werden vom Verbraucher grundsätzlich als unangenehm und störend empfunden.

Eine kompetente Antwort auf diese häufige Kundenfrage beeinflusst die Kaufentscheidung maßgeblich!

Grätenfreier Fisch oder Teil vom Fisch

- Schwertfischsteak
- Seeteufelbäckchen
- Seeteufelfilet
- Seeteufelschwanz
- Steinbeißerbäckchen
- Thunfischsteak

Praktisch grätenfrei (pgf) bearbeitet

- Rückenfilet/Loin (von Konsum- und Edelfischen)
- Goldlocke
- Hechtfilet, grätengeschnitten
- Heilbuttfilet
- Karpfenfilet, grätengeschnitten
- Lachsfilet ab Trimmstufe C
- Pangasiusfilet
- Rochenflügel
- Schillerlocke
- Schollenfilet
- Seezungenfilet
- Steinbuttfilet
- Tilapiafilet
- Welsfilet

ZWISCHENMUSKEL- ODER FLEISCHGRÄTEN

Die Zwischenmuskelgräten, auch Fleischgräten genannt, hängen nicht mit dem Skelett zusammen. Sie liegen einzeln und werden aus Kollagen und Mineralstoffen gebildet.

Unterschieden wird die verzweigte Form, so genannte Y-Gräten, und die unverzweigte Form, auch Stifte genannt.

Die Anzahl variiert je nach Fischart und auch innerhalb einer Art. Der Karpfen kann beispielsweise mit zunehmendem Alter zwischen 95 und 104 solcher Fleischgräten haben.[11]

Um die Zwischenmuskelgräten so zu bearbeiten, dass sie beim Verzehr nicht stören, sind in der Fischverarbeitung drei Methoden gängige Praxis:

1. Mechanische Anwendung

Durch das Ein- oder Herausschneiden (Hechtfilet) von Hand oder mittels eines Grätenschneiders (siehe S. 59).

2. Säurebasierte Anwendung (Garen)

Säure, in Form von Essig- oder Fruchtsäure, zersetzt den Kalk in der Gräte. Die Anwendung findet in Marinaden statt und wird näher auf Seite 134 ff. geschrieben.

3. Enzymatische Anwendung (Reifen)

Natürliche oder synthetische Enzyme zersetzen die harte Struktur der Gräten (siehe S. 134).

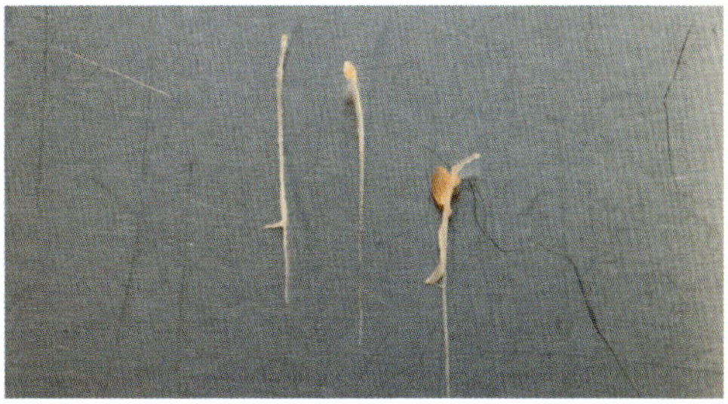

Stehgräten vom Lachs

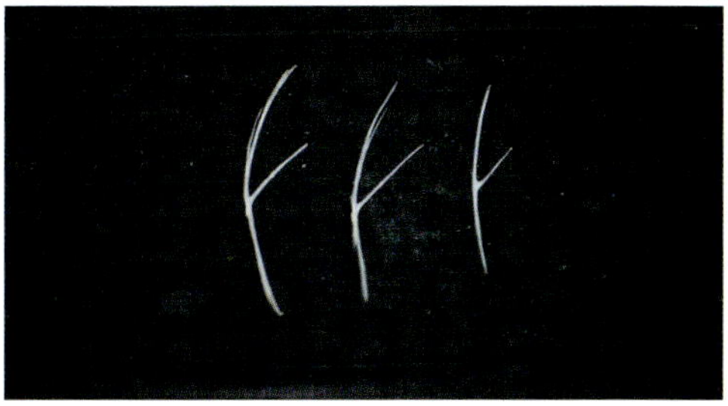

Zwischenmuskel- oder Stehgräten (Y-Gräten)

Fischart	Zwischen-muskelgräten
Hecht	35–38*
Karpfen	95–104
Schleie	83
Karausche	79
Giebl	83
Plötze/Rotauge	106
Rotfeder	100
Güster	115
Döbel/Aitel	118
Aland/Nerfling	124
Brachse/Blei	129
Zährte/Rüßling	129
Rapfen/Schied	43

Durchschnittliche Anzahl der Zwischenmuskelgräten von genutzten Süßwasserfischen

Quelle: Untersuchungsergebnisse über die Grätenzahl bei 17 Süßwasserfischen, Lieder Ulrich, 1961

*eigener Nachweis

11 Vgl. Reichenbach-Klinke, 1974, S. 11 .

BEACHTEN SIE

Sowohl bei der säurebasierten als auch bei der enzymatischen Behandlung bleiben die Gräten optisch sichtbar! Sie haben aber eine so weiche Konsistenz, dass sie beim Verzehr nicht stören.

Praxis-Check
Grätenfreies Karpfenfilet, heißgeräuchert

Betrachten Sie den Verlauf der Zwischenmuskelgräten beim Karpfen: Mit etwas handwerklichem Geschick ist es möglich, die Gräten bei einem heißgeräucherten Karpfenfilet zu entfernen.

Das Filet wird am Grätenverlauf zerpflückt, die Gräten vorsichtig entnommen und das Karpfenfilet anschließend wieder zusammengefügt.

Beim darauffolgenden Vakuumieren wird das Filet wieder zusammengepresst. Das Ergebnis ist ein praktisch grätenfreies Karpfenfilet.

Grätenverlauf beim Karpfen

DAS ZWEITE ECHTE RIPPENPAAR ODER STEHGRÄTEN

Das zweite echte Rippenpaar (engl. Pin Bone), im Folgenden Stehgräten genannt, ist fest mit dem Skelett verbunden. Sie sind die einzigen Bestandteile des Skeletts, die beim Filetieren im Filet bleiben, können aber danach entfernt werden.

Stehgräten kommen bei einer Vielzahl bedeutender Wirtschaftsfischarten vor, wie beispielsweise bei barschartigen/drachenkopfartigen, lachsartigen, heringsartigen und kabeljauartigen Fischen.

Stehgräten haben eine überwiegend leicht gebogene Form. Die Anzahl variiert je nach Fischart und auch innerhalb einer Art.

Die Regenbogenforelle *(Oncorhynchus mykiss)* wie auch der Pazifische Lachs *(Oncorhynchus)* können beispielsweise mit zunehmendem Alter zwischen 27 und 31 Stehgräten pro Filet haben.

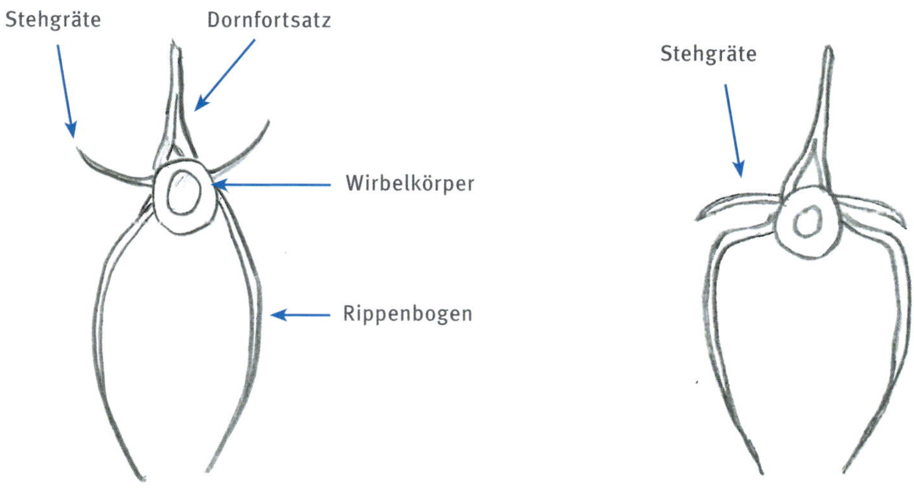

Forellenartig *(Salmoniformes)*

Barschartig *(Perciformes)*

Querschnitt zweier Wirbelkörper mit unterschiedlich geformten Stehgräten

VOM LOSLASSEN UND ENTSPANNEN – DER STARREZUSTAND IM MUSKELFLEISCH

Mit dem Starrezustand ist die Totenstarre *(rigor mortis)* gemeint.

Fisch fällt schneller in diesen Zustand als beispielsweise das Fleisch von Warmblütern. Für die Bearbeitung und Verarbeitung von schlachtfrischem Fisch kann folgendes Schema helfen:

	pre Rigor **vor Totenstarre**	**Rigor** **Totenstarre**	**post Rigor** **nach Totenstarre**
Beschaffenheit des Muskels, sensorische Eigenschaften	Noch zart und elastisch	Starrer Zustand	■ wieder entspannt ■ einsetzende Fleischreifung ■ Geschmacksentfaltung
Bearbeitungs- und Verwendungsempfehlung	Schlachten Spalten Filetieren		■ Filetieren ■ Portionieren ■ Sashimi-Qualität

Zustand des Muskelfleischs im Verlauf der Totenstarre

Beispiel aus der Praxis

Um bei Zuchtlachsen die Fleischqualität durch die Schlachtung nicht negativ zu beeinflussen, wird das so genannte Kaltschlachtverfahren angewandt. (Mehr zu diesem Thema auf S. 130.)

STEHGRÄTEN ENTFERNEN

Um Stehgräten zuverlässig zu entfernen, muss das Bindegewebe um die Gräten Zeit haben, sich zu entspannen. Wie lange es dauert, hängt stark von folgenden Faktoren ab:

- Produktionsintensität, Fischgröße, Fleischkonsistenz, Fettgehalt
- Temperatur und Handhabung der Fische vor der Schlachtung (Stress)

Wichtige Bearbeitungskürzel

pbo – pin bone out
Die Stehgräten wurden entfernt.

pbi – pin bone in
Die Stehgräten befinden sich noch im Filet.

Das Bearbeitungskürzel wird auch bei weiteren Fischereierzeugnissen angegeben.

TIPP! Direktvermarktung

Das Entfernen der Stehgräten bei heimischen Fischen kann als Bearbeitungsstufe angeboten und die Wertschöpfung damit gesteigert werden.

BEACHTEN SIE! Fehlergräten

Wird ein Fischfilet während der Starre entgrätet, können so genannte Fehlergräten (abgerissene Stehgräten) und das Aufreißen des Filets (Gaping) die Folge sein!

Praxis-Check
Frischevorteil beim Einkauf ganzer Lachse

Die Stehgräten zu entfernen, stellt selbst die industrielle Fischverarbeitung vor technische und wirtschaftliche Herausforderungen.

Die Zeit zum Entspannen des Muskelfleischs kann beim Einkauf von Lachsen (amK) als Frischevorteil genutzt werden (siehe S. 61 ff.).

Praxis-Check
Kragengräten entfernen

In der industriellen Lachsverarbeitung liegen die Filets zum Ziehen der Stehgräten auf einem Förderband. Die Maschinen erreichen hier die so genannten Kragengräten (Paare der Stehgräten) am Querschnitt des Filets nicht.

Diese Gräten bleiben also im Fleisch stecken und sollten manuell entfernt werden: Entweder mit einem Stehgrätenzieher, von Hand mit Hilfe einer Pinzette oder – verlustreich – weggeschnitten.

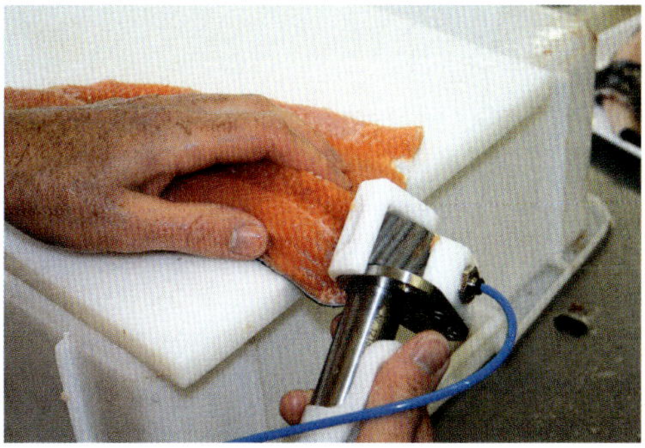

Entfernen der Kragengräten mit einem Stehgrätenzieher (Pin-Bone-Remover)

Arbeitsempfehlung zum Entfernen der Stehgräten mit der Pinzette oder Zange

- Das Fischfilet sollte entspannt sein.
- Stehgräten in Wuchsrichtung ziehen (leicht schräg in Richtung „Kopf" des Fisches).
- Werkzeug regelmäßig von den Gräten befreien.
- Filetware möglichst nach dem Beizen und vor der Weiterverarbeitung entgräten.
- Achtung: Bei aufgetauter Ware bleibt nach der Bearbeitung ein tiefer Riss!
- Die Kontrolle für sorgfältiges Entfernen aller Gräten erfolgt mit der Fingerkuppe.

WHITEFISH-PROCESSING

Bei den wirtschaftlich mindestens genauso bedeutenden Fischarten, wie Kabeljau, Seelachs, Schellfisch oder Pollack, ist das Entfernen der Stehgräten nicht ganz so leicht wie beim Lachs.

Bei der Ver- und Bearbeitung dieser Fische spricht die Industrie vom „Whitefish-Processing". Hier ist nicht der Sammelbegriff „Weißfisch" für karpfenartige Fische gemeint, sondern die oben genannten Arten mit ihrem charakteristisch weißen Muskelfleisch.

Neuere Maschinen auf dem Gebiet des Whitefish-Processing schneiden den Grätenstrang mittels Wasserstrahlen verlustarm aus dem Filet. Ein Zupfen wie beim Lachs ist in der industriellen Verarbeitung von Whitefish allerdings kaum möglich. Die Fische haben eine andere Fleischkonsistenz, kommen aus Wildfängen und müssen dadurch zügig verarbeitet werden.

Praktisch grätenfreie Whitefish-Filets sind für den Handel bisher nur als Loin zu beziehen. Um ganze Filets grätenfrei anzubieten zu können, bleibt momentan nur der V-Schnitt.

Können bei Kabeljau & Co. die Stehgräten mittels Pinzette/Zange leicht gezupft werden, ist die Ware nicht mehr optimal frisch!

DER V-SCHNITT

Schräg, links und rechts an den Stehgräten entlang, wird ein V-förmiger Keil aus dem Filet geschnitten.

Bei Fischfilet mit Haut wird möglichst nur der Fleischkeil entnommen, ohne die Fischhaut einzuschneiden!

Der Fleischverlust beim V-Schnitt ist hoch. Anwendung zum Entgräten findet der V-Schnitt vor allem bei sehr frischer Ware. Eine typische Handelsware mit sichtbarem V-Schnitt ist z. B. Tilapiafilet.

Fischfilet mit Spalte durch den V-Schnitt

DER PIN-BONE-REMOVER

Bei regelmäßiger und dadurch geübter Verwendung ist die Anwendung eines Stehgrätenziehers/Pin-Bone-Remover sinnvoll. Das Gerät entfernt die Gräten schnell; die zu bearbeitende Ware muss aber ebenfalls Zeit zum „Entspannen“ bekommen.

Arbeitsempfehlung zum Entfernen der Stehgräten mit dem Pin-Bone-Remover

- Arbeitsrichtung ist von Kopf zum Schwanz
- Die Drehgeschwindigkeit der Walze ist abhängig von der Frische der Ware (frische Ware = langsame Drehgeschwindigkeit)
- Die gesamte Walzenbreite sollte auf dem Filet liegen.
- Die Maschine sollte sich aus eigener Kraft von Gräte zu Gräte ziehen.
- Verkanten vermeiden.
- Fehlergräten werden mit Zick-Zack-Bewegungen entfernt.
- Die Zwischenreinigung der Walze erfolgt mittels Wasserstrahl – achten Sie darauf, dass die Walze möglichst sauber bleibt!
- Das Entfernen der Kragengräten erfolgt durch Anheben oder „Umfahren“ des Filets.
- Filetware nach dem Beizen und vor der Weiterverarbeitung entgräten.
- Heißgeräucherte Filets können nach dem Räuchern (ohne Wasseranschluss) entgrätet werden.
- Die Kontrolle für sorgfältiges Entfernen aller Gräten erfolgt mit der Fingerkuppe.

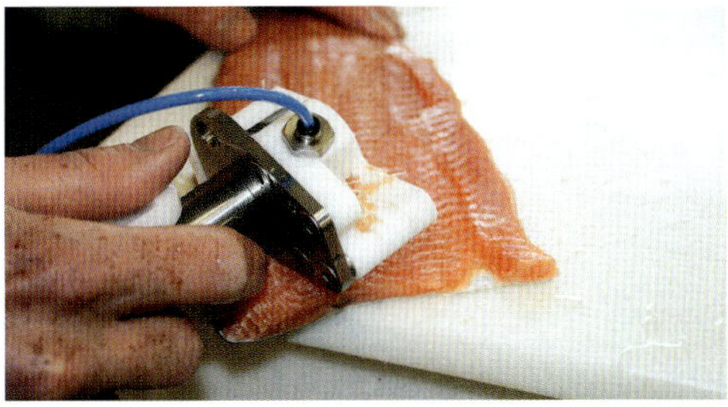

Entfernen der Stehgräten mit einem Stehgrätenzieher (Pin-Bone-Remover)

Praxis-Check „Hauptsache grätenfrei“

Die Kosten für das Entfernen, sei es von Hand oder maschinell, müssen auf ein praktisch grätenfreies Fischfilet umgesetzt werden!

Die Erfahrung zeigt, dass der Verbraucher bereit ist, den Aufpreis für ein sauber pariertes und praktisch grätenfreies Fischfilet zu bezahlen.

Fischart	Stehgräte/Pinbone
Flussbarsch	10–12
Zander	21–23
Forellenartige	27–31
Renke/Felchen	27–28
Kabeljau	ca. 16

Durchschnittliche Anzahl der Stehgräten bei beliebten Speisefischen

ZUSCHNITTE – DAS FILET VOM FILET

Zu Beginn gleich eine Frage an Sie oder an Ihre Kunden: „Möchten Sie ein normales Filet oder das grätenfreie Rückenfilet?" Fisch ist ein exklusives Nahrungsmittel – die wenigsten Kunden möchten etwas „Normales".

Und „grätenfrei" ist beim Fisch immer sinnvoll oder? Diese kurze Frage im Kundengespräch bringt in den meisten Fällen mehr Umsatz. Denn der letzte Teil des Satzes mit dem Begriff „grätenfrei" bleibt im Kopf des Kunden!

WAS HEISST EIGENTLICH GRÄTENFREI BZW. PRAKTISCH GRÄTENFREI?

Dieser Begriff ist in den Leitsätzen für Fisch-, Krebs- und Weichtiere und Erzeugnisse daraus eindeutig definiert:

„Praktisch grätenfrei" sind Fischfilets und Teile von Fischfilets, die höchstens zwei Gräten (Fehlergräten) je kg Filet enthalten.

Als Fehlergräten zählen alle Gräten und Grätenteile länger als 10 mm und mit über 1 mm Durchmesser.

Die knorpelige Grätenbasis bleibt bis zu einem Durchmesser von 2 mm oder, sofern sie sich mechanisch leicht abstreifen lässt, unberücksichtigt.

In der Vermarktung wird das klassische Fischfilet zunehmend in seinen Teilstücken angeboten; vergleichbar mit den zahlreichen Steak-Zuschnitten beim Rind. Die Praxis zeigt, dass die Vermarktung von grätenfreien Fischteilen erfolgreich ist und den Produktwert erhöht.

Übersicht der im Handel angebotenen Filetzuschnitte mit entsprechenden Parallelnamen:

- Loin, Rückenfilet, He-Loin, First Cut
- She-Loin, Bauchfilet, Belly, Second Cut
- Filet-Portionen (aus dem ganzem Filet geschnitten)
- Schwanzstück, Tail

LOIN, RÜCKENFILET, HE-LOIN, FIRST CUT

Der Loin – englisch für Lende – ist praktisch grätenfrei.

Tatsächlich ist dieser Filetteil das fleischigste Stück am gesamten Rund-Fisch.

Das Rückenfilet wird oberhalb der Wirbelsäule geschnitten und verläuft bis ca. Höhe der Rückenflosse. Dieses Teilstück eignet sich für alle Zubereitungsarten.

Bei guter Qualität bieten sich schonende Garmethoden an – Dünsten, Pochieren, Beizen oder auch der Rohverzehr.

Loin von der Lachsforelle

SHE-LOIN, BAUCHFILET, BELLY, SECOND CUT

Als She-Loin wird die „zweitklassige“ Variante des He-Loin bezeichnet – in Zeiten der Gleichberechtigung eine eher fragwürdige Bezeichnung ...

Zumal der Begriff „Belly“ (Englisch für Bauch) den Zuschnitt ohnehin treffender kennzeichnet.

Die Zubereitungsmöglichkeiten für das Bauchfilet sind vielseitig: Kurzbraten, Dünsten, Farce.

Bei besonders fetten Fischen (Lachs, Fjord- oder Eismeerforelle ...) ist der Bauchlappen vom Bauchfilet zu entfernen.

Beim Räuchern von ganzen Filets mit besonders dünnen Bauchlappen (Brachse/Blei, Renke, Weißfische ...) verteilt sich das Räucheraroma aufgrund der unterschiedlichen Fleischdicke nur ungleichmäßig. Hier besteht zum einem die Möglichkeit, den Bauchlappen einzuschneiden und hochzuklappen, oder das Räuchern mit den Rippen. Diese werden dann nach dem Räuchern herausgeschnitten.

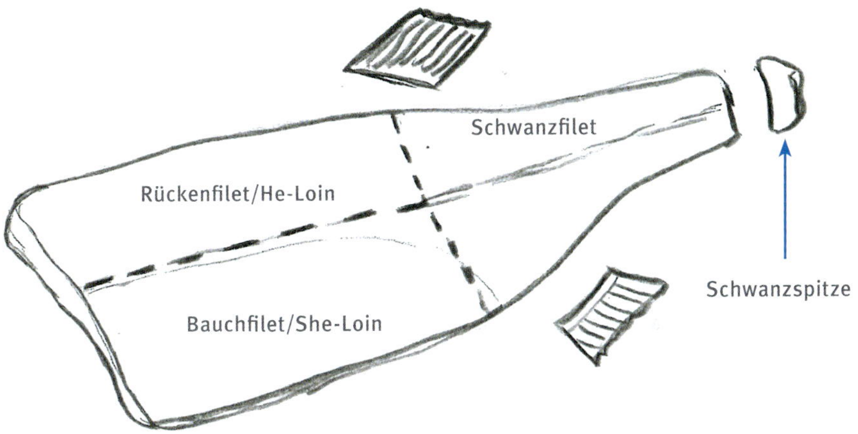

Fischfilets ohne Bauchlappen mit entsprechender Unterteilung der Filetzuschnitte

DOPPELFILET, „LAPPEN“ ODER „BUTTERFLY“

Das Doppelfilet hängt am Rücken zusammen.

Bis auf die Rückenflosse(n) sind alle Flossen und Flossenträger entfernt. Geöffnet hat dieser Filetzuschnitt die Form eines Schmetterlings (engl. Butterfly). Bleibt die Schwanzflosse am Filet, spricht man vom Deli-Schnitt.

Mit diesem Zuschnitt lassen sich kleinere bis mittelgroße Fische, wie Hering, Renke, Sardine usw., optisch schön präsentieren.

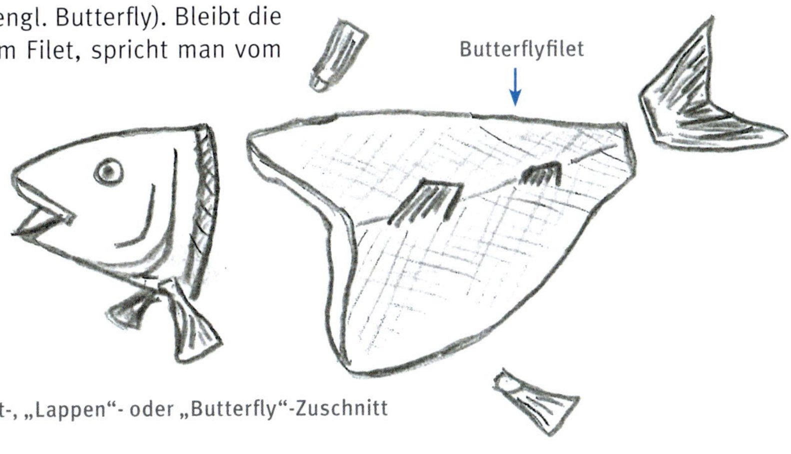

Fisch als Doppelfilet-, „Lappen“- oder „Butterfly“-Zuschnitt

Praxis-Check
Vermarktung des Schwanzfilets

Die Kundschaft entscheidet sich überwiegend für den vorderen Teil des Filets. So bleiben am Ende einige Schwanzfilets von beispielsweise Kabeljau oder Lachs im Verkauf übrig.

Außer bei karpfenartigen Fischen ist das Schwanzfilet grätenfrei – nutzen Sie dieses Verkaufsargument!

Fördern Sie den Abverkauf, indem Sie das Schwanzfilet optisch aufwerten: Schneidet man zum Beispiel eine kleine Tasche in das Muskelfleisch, kann diese mit Gemüse und Kräutern gefüllt werden.

GANZFISCH-ZUSCHNITTE – KARBONADE, STEAK ODER KOTELETT

Zuschnitt für Rund- und Plattfische

Je nach Region werden die Begriffe Karbonade, Kotelett, Hufeisen oder Steak verwendet. Der Begriff Darne (französisch für Steak) wird überwiegend in der gehobenen Gastronomie verwendet. Der Begriff Steak ist beim Lachs gebräuchlich.

Karbonade hingegen ist in der Fischverarbeitung der fachlich korrekte Ausdruck. Karbonaden sind gleichmäßig dicke Fischstücke, die vertikal zur Wirbelsäule geschnitten werden.

Lachssteaks

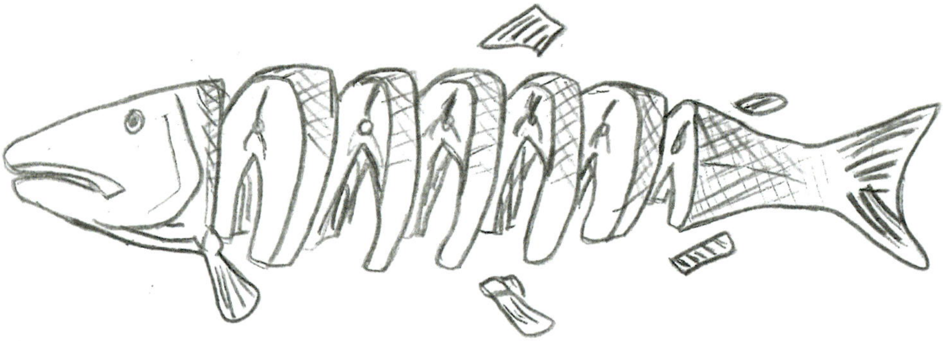

Karbonaden oder Steaks beim Rundfisch

Praxis-Check
Das Schneiden von Karbonaden oder Steaks

- Fisch gründlich schuppen und Flossen mit einer Flossenschere abschneiden.
- Achten Sie auf einen geraden Schnitt mit gleichmäßiger Dicke.
- Die Köpfe der Fische (Kiemen bitte entfernen) können für Fonds/Bouillon vermarktet werden.
- Karbonaden/Steaks werden bis zum Ende der Bauchhöhle geschnitten. Das Schwanzstück kann zu Filetportionen geschnitten oder als ganzes Stück vermarktet werden.
- Die Mittelstücke mit den langen Bauchlappen werden optisch aufgewertet, indem sie mit einem Saté-Spieß eingerollt und garniert werden. Diese garnierten Stücke sollten auf einer extra Platte angeboten werden (siehe Thekenbaugrundsätze S. 144).
- Das Mittelstück großer Fische, franz. Darne, sollte am Bauch geschlossen sein. Es kann gefüllt und gebunden vermarktet werden

Lachssteak mit Saté-Spieß fixiert, garniert mit Limette

Schollen-Karbonaden

Blutnetze in Karbonaden/Koteletts

Bei Schwert- und Thunfischen befinden sich zwischen den jeweiligen Muskelsträngen so genannte „Blutnetze“.

Dieses ehemals stark durchblutete Gewebe enthält Histamin und sollte vor der Zubereitung entfernt werden. (Weitere Information zu Histamin im Fisch siehe S. 33.)

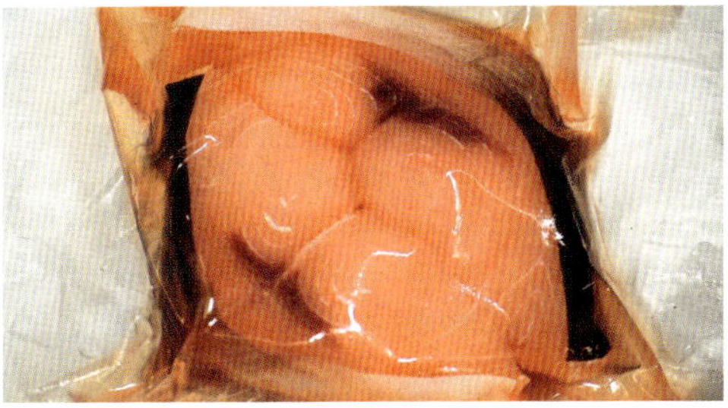

Blutnetze in einem Schwertfischsteak

FLECKEN VON GANZEN RUNDFISCHEN

Beim gefleckten Fisch (umgangsprachlich: Flecken) handelt es nicht um farbliche Auffälligkeiten, sondern um einen traditionellen Zuschnitt zur Vorbereitung zum Räuchern.

Der gefleckte Fisch hängt am Bauch zusammen (siehe Abbildung unten) und behält dadurch eine gleichmäßigere Fleischdicke. Dies bringt Vorteile beim Salzen, Räuchern oder beim Garen der Fische.

Der Flecken kann nach dem Räuchern auch wieder zusammengeklappt werden, was nicht nur beim Verpacken der Ware professionell aussieht, sondern auch gewährleistet, dass die Räucherware länger saftig bleibt.

Diese Art der Verarbeitung ist sehr selten geworden – eine gute Möglichkeit für die Direktvermarktung, mit handwerklichem Know-How zu punkten!

Übrigens: In England werden Kippers (kaltgeräucherter Hering) noch nach traditioneller Art gefleckt.

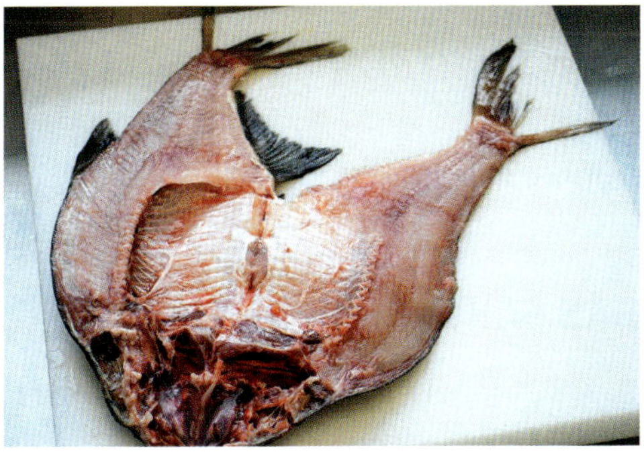

Brachse, gefleckt: Innenseite

Brachse, gefleckt: Außenseite

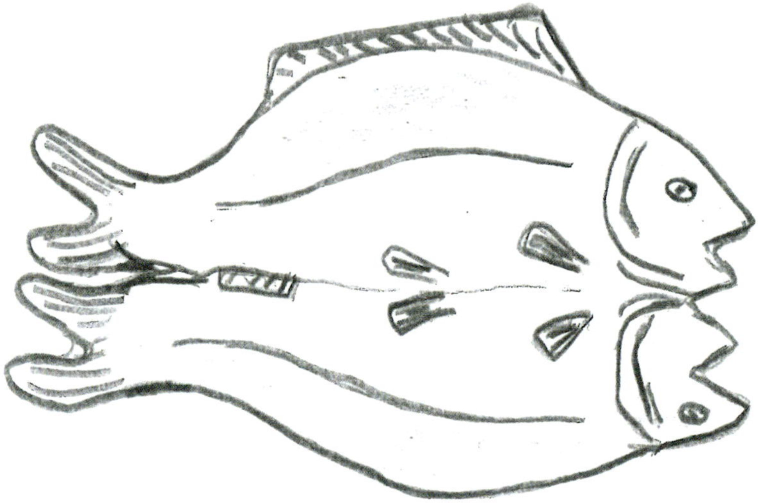

Gefleckter Rundfisch

DAS SCHUPPEN VON FISCHEN

Das Schuppen von Fischen macht in der Küche ziemlich „Dreck".

Guter Service gebietet also, dass das Schuppen durch den Produzenten bzw. durch den Händler erfolgt. Da die Schuppen die Fische in der Fischtheke vor Austrocknung schützen, werden sie erst beim direkten Verkauf an den Endverbraucher entfernt.

Eine Alternative zum Schuppen von Fischen kann teilweise der Schuppentaschenschnitt bieten (siehe S. 57). Werden aber Steaks oder Karbonaden geschnitten, muss der Fisch in jedem Fall zuvor geschuppt werden!

Schuppen eines Fisches

BEACHTEN SIE

Sollen Fisch oder Fischfilets in der Salzkruste zubereitet werden, ist das Schuppen nicht nötig. Bei dieser Zubereitungsart schützen die Schuppen das Fleisch unter der Haut vor dem Versalzen.

Auch Fische mit kleinen Schuppen, wie Forellen oder Saibling, sollten geschuppt werden. Einzige Ausnahme – das „Blau-Kochen“. Bei dieser Zubereitung im Essig-Sud ist die Schleimhaut von Fischen möglichst nicht zu verletzen, damit der Essig dem Fisch die für das Gericht typische Blaufärbung gibt.

Zum Schuppen kann der Messerrücken dienen, die flache Schale einer Jakobsmuschel – Showeffekt (!) inklusive – oder ein professioneller „Fischschupper“.

Rundschuppen bei beispielsweise lachs-, kabeljau- oder karpfenartigen Fischen lassen sich recht leicht entfernen. Kammschuppen wie bei barschartigen hängen dagegen viel fester an der Haut. Grundsätzlich wird vom Schwanz zum Kopf geschuppt – immer gegen die Wuchsrichtung.

Nicht geschuppt werden Aal und Wels.

„BLAUKOCHEN“

Zum so genannten „Blaukochen“ eignen sich besonders Süßwasserfische mit ihrer stärker ausgeprägten Schleimschicht. Diese Schleimschicht ist zu einem ein Indiz für Frische (siehe S. 14, Frischekriterien) und sie sorgt für das Umfärben ins Bläuliche beim Kontakt mit Essig.

Ich empfehle, für das Blaukochen einen hochwertigen Essig zu verwenden, wie er auch beim Garbad Verwendung findet.

Nehmen Sie den Begriff „Blau**kochen**“ nicht wörtlich: Der Fisch oder die Fischteile ziehen nur im siedenden Wasser!

Anders als bei Brat- oder Backzubereitungen, bei denen der schlachtfrische Fisch ca. eine Nacht entspannen sollte, muss der Fisch zum Blaukochen so frisch wie möglich sein!

Zwar reißt oder krümmt sich die Fischmuskulatur eines frischen Fischs schneller im siedenden Sud. Durch das Brechen der Wirbelsäule oder durch zwei bis drei wenige Schnitte durch den oberen Rückenmuskel wird das allerdings verhindert.

Praxis-Check „Blaukochen“ / „Krimp-Kochen“

Schleimschicht möglichst unverletzt lassen durch:

- Fische mit feuchtem Tuch über dem Kopf betäuben (z. B. Karpfen).
- Direkten Kontakt der Fische oder Fischteile mit Eis vermeiden.
- Nicht oder nur äußerst vorsichtig schuppen.
- Ausnehmen im Wasser.
- Optisch ansprechend sind Karbonaden, die am Bauch geschlossen sind. Dafür wird der Fisch vom Kopf her ausgenommen.
- Das Krümmen des ganzen Fisches kann durch Spalten oder Brechen der Wirbelsäule beim ganzen Fisch verhindert werden.
- Der Begriff „Krimp“ kommt aus den Niederlanden und Belgien und meint das Krümmen von schlachtfrischen Fischen im heißen Sud.

Das Einschneiden des oberen bis mittleren Rückenmuskels bei Karbonaden verhindert ebenfalls das Krümmen und verkürzt die Garzeit um rund ein Drittel.

DER FISCH MACHT'S – ERNÄHRUNGSPHYSIOLOGISCHE UNTERSCHIEDE & QUALITÄTSMERKMALE

FISCH IST GESUND – JEDER AUF SEINE ART

Der Gehalt an wertvollen Inhaltsstoffen für die menschliche Ernährung unterscheidet sich je nach Lebensraum der Fische oder Meeresfrüchte.

Dass Salzwasserfische im Vergleich zu Süßwasserfischen eine deutlich höhere Konzentration an Jod enthalten, ist bekannt.

Doch wussten Sie, dass ein Fischereierzeugnis, welches aus kalten Fanggebieten stammt, auch einen höheren Gehalt an ungesättigten Fettsäuren aufweist als Arten aus wärmeren Meeresgebieten? Denn die ungesättigten Fettsäuren sorgen dafür, dass das Fett im Organismus bei Kälte nicht stockt, sondern flüssig bleibt.

HINWEIS! Herkunft

Für das Verkaufsgespräch und die Kundenberatung eignet sich dieser einprägsame Merksatz: **„Je kälter die Herkunft, desto gesünder ist der Fisch."**

Ernährungsphysiologische Qualitätsstufen beim Fisch anhand einiger Beispiele

1. Salzwasser/Kaltwasser

Kabeljau, Seelachs, Seeteufel, Scholle, Heilbutt, schwarz

2. Salzwasser/Warmwasser

Dorade, Wolfsbarsch, Snapper, Zackenbarsch

Seeteufel/Lotte

3. Süßwasser/Kaltwasser

Lachs, Saibling, Forelle, Zander, Flussbarsch, Hecht

4. Süßwasser/Warmwasser

Clarias, Pangasius, Tilapia, Victoriabarsch

Dorade Royal

Aber ganz gleich ob Süß- oder Salzwasserfische, alle Vertreter verfügen über hochwertiges und hochverdauliches Eiweiß.

Regenbogenforelle

Dennoch: Die Belastung von Fischen und Meeresfrüchten mit Schwermetallen, Pestiziden oder sonstigen Umweltgiften muss erwähnt werden. Denn egal an welcher Stelle eine Belastung der Umwelt erfolgt, am Ende gelangen die meisten Stoffe ins Meer.

Gerade Raubfische, wie Thun- oder Schwertfisch, reichern sich mit Schwermetallen an. Und Erzeugnisse aus intensivster Aquakultur können beispielsweise noch Rückstände von Medikamenten aufweisen.

Afrikanischer Wels

WICHTIG! Verbraucherbewusstsein

Verbraucher sind sich dieser Problematik zunehmend bewusst.

Ein Dokumentarfilm über die (zumindest damaligen) schlechten Aufzuchtpraktiken asiatischer Pangasiuszüchter hat seinerzeit zum deutlichen Absatzeinbruch von Pangasiusfilet geführt.

Dieser Fisch trifft mit seinem weißen, grätenfreien und neutral schmeckenden Fleisch besonders den Geschmack des Kundentyps „Angebotskäufer“.

Durch das Publikwerden der Produktionsmethoden wurde der Siegeszug des Fisches auf dem deutschen Markt jedoch beendet.

Ich hatte einmal die Gelegenheit, Pangasius *(Pangasianodon hypophthalmus)* aus einwandfreier Aquakultur zu probieren – ein wirklich toller Fisch.

Wie so oft kommt es also nur darauf an, was WIR daraus machen: die nachhaltige Produktion eines hochwertigen Lebensmittels oder die grenzwertige Ausbeutung eines anspruchslosen Lebewesens.

Für die Versorgung der Weltbevölkerung mit hochwertigem Eiweiß sind Fische, wie der Pangasius, nämlich enorm wichtig!

THUNFISCH-QUALITÄTEN

Thunfisch, welcher in oder für Japan gehandelt wird, ist nur selten mit den Qualitäten, die sich in unseren deutschen Verkaufstheken finden, zu vergleichen. Hauptgrund ist die Verwendung von Thunfischarten, welche in Deutschland unter Artenschutz stehen.

Dies trifft besonders auf den kulinarisch sehr geschätzten Roten Thun *(Thunnus thynnus)* zu. Qualitätsparameter, wie Fettgehalt, Fleischkonsistenz und Fleischtransparenz, sind beim Roten Thun ausgeprägter und bestimmen u. a. den Marktwert japanischer oder amerikanischer Sashimi-Ware.

In Deutschland wird überwiegend Gelbflossen-Thun *(Thunnus albacares)* gehandelt. Davon werden meist auch nur Teilstücke „zweiter Wahl" angeboten, die mit Sehnen durchzogen und eher mager sind (siehe Abbildung, S. 87, „Harashimo").

Der Grund? Deutsche Verbraucher sind im Vergleich zu anderen Nationen seltener bereit, entsprechend hohe Preise für Thunfisch zu bezahlen.

Trotzdem: Vermeiden Sie diese Teilstücke im Ein- oder Verkauf – der Aufpreis für möglichst sehnenfreie Ware lohnt sich!

MAN BEKOMMT, WAS MAN BEZAHLT!

Ein Satz der auch für andere Wildfänge, wie Scholle, Seezunge oder Steinbutt, gilt. Die besten Qualitäten dieser begehrten Speisefische gehen daher kaum nach Deutschland: Anderen Ländern ist die Qualität der Fische schlichtweg mehr wert.

Die meisten Kunden möchten Thunfisch in Sashimi-Qualiät, also Thunfisch, der für den Rohverzehr geeignet ist. Weisen Sie Kunden dabei formal auf den Schutz vor Parasiten (siehe Seite 38) hin.

Die Fleischfarbe sollte natürlich wirken – vergleichbar mit der Farbe von Rindfleisch. Ein Umfärben in dunkle bis graue Farbtöne ist nach einer gewissen Zeit normal.

Wird der Thunfisch vom Lieferanten/Händler im Leinentuch angeboten, schützt dies vor Licht und frühzeitigem Dunkelwerden des Fleisches. Das Leinentuch nimmt zudem Flüssigkeit auf und verhindert so für eine gewisse Zeit das Verblassen durch Feuchtigkeit.

Thunfisch wird zunehmend in grünem Wasabi-Papier angeboten. Im Gegensatz zum Leinentuch nimm Wasabi-Papier kaum etwas vom geschätzten Fett des Thunfischs auf. Die Teilstücke bleiben also länger saftig. Auch in punkto Hygiene liegt das Wasabi-Papier damit vor dem Leinentuch.

Allgemein kann bei der Bestellung eingewickelter Rohware (Leinentuch und Wasabi-Papier) von einer Sashimi-Qualität ausgegangen werden. Um die Qualität zu wahren, sind die entsprechenden Lagerempfehlungen auf Seite 34 zu beachten.

Akami
Zur Sushi-Herstellung häufig verwendet

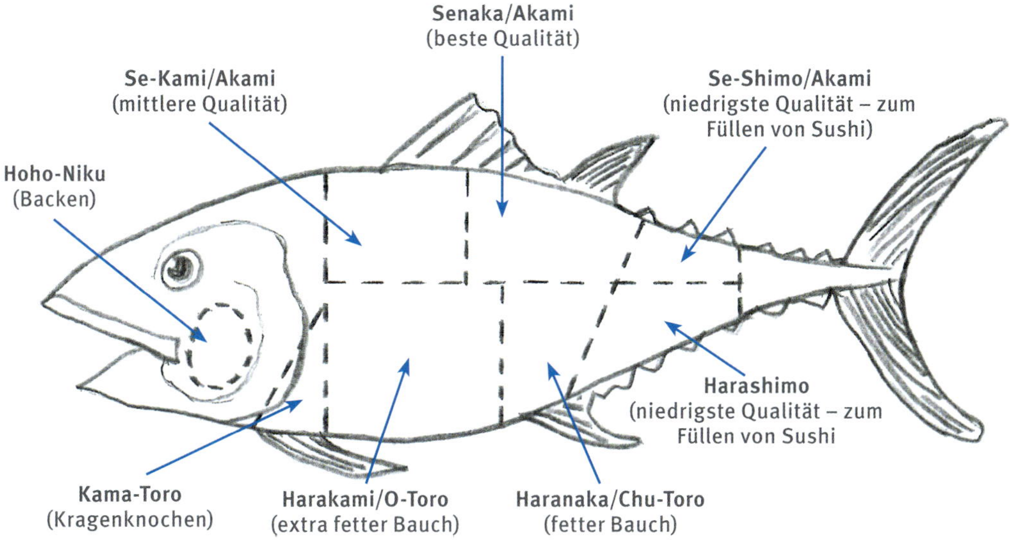

Toro
Bedeutet „schmelzen“, je fetter desto besser

Japanische Bezeichnungen verschiedener Teilstücke und ihre Qualitätseinstufung beim Thunfisch

HÄLTERUNG

Als „Mooseln“ wird ein muffiger/modriger Geschmack im Fischfleisch bezeichnet, der zum überwiegenden Teil Süßwasserfische betrifft. Diese qualitative Beeinträchtigung findet ihren Ursprung im Gewässer, in dem der Fisch aufwächst. Oft ist ein ungenügender Wasseraustausch in Zusammenhang mit bestimmten Algentypen die Ursache.

Spiegelkarpfen

Als Inverkehrbringer/Produzent von betroffenen Fischarten sollten Sie diese vor der Schlachtung für mindestens zehn Tage in sauberem Wasser fachgerecht hältern (siehe Seite 155).

Der Fisch, der mit diesem Geschmack am häufigsten in Verbindung gebracht wird, ist der Karpfen. Betroffen können aber alle Süßwasserfische sein, auch Salmoniden (Forellenartige)!

Selbst das Räuchern bringt hier nur wenig geschmackliche Verbesserung.

Hat ein Verbraucher einmal so einen muffigen Fisch probiert, gräbt sich der Geschmack negativ in das Gedächtnis ein und prägt seinen Fischkonsum über Jahre (oder Jahrzehnte!). „Nein danke – Karpfen ist nicht so mein Fisch, der schmeckt irgendwie muffig."

Vom „Mooseln" besonders gefährdete Nutzfischarten:

- karpfenartige Fische
- Welse
- Tilapia
- Hecht
- Pangasius

Alternativen zur Hälterung

Bei Netzfängen von relevanten Arten, wie beispielsweise Weißfischen, ist Hältern natürlich nicht mehr möglich.

Bei der Verarbeitung solcher Fänge wird dem muffigen Geschmack entgegengewirkt, indem die Fische filetiert und tiefenenthäutet werden. Gemeint ist das großzügigere Entfernen der dunkelroten Muskulatur, direkt unter der Fischhaut. Diese Muskulatur trägt sowohl zum tranigen als auch zum „mooselnden" Geschmack bei.

Das Verfahren der Tiefenenthäutung, auch „deep skinning" genannt, wird v. a. bei Lachsfilets angewandt.

Ein Salzwasserfisch, für den die Tiefenenthäutung ebenfalls empfohlen wird, ist übrigens der Papageifisch.

> **Praxis-Check**
> **Geschmacksprobe relevanter Fischereierzeugnisse**
>
> **Für den Vermarkter von Süßwasserfischen ist es essentiell, seine Rohware stichprobenartig zu probieren.**
>
> **Es genügt eine kleine Filetportion, mit Bauchlappen, ungewürzt, im Wasser oder in der Pfanne gegart.**

ROTES UND GELBES FISCHFLEISCH

Rotes Fischfleisch

Bei Fischereierzeugnissen ist die Farbe entscheidend für die Vermarktung. Werden Verbraucher gefragt, ob sie lieber ein rotes oder eher ein grauweißes Fischfilet kaufen bzw. zubereiten möchten, gewinnt ganz klar das optisch ansprechendere rote Filet.

Das Rotfüttern von Fischfleisch ist gängige Praxis, sowohl bei der Aufzucht in den Aquakulturen als auch in der Veredelung von Fischen.

Ein Wildlachs hat z. B. nur dann rotes Muskelfleisch, wenn er Carotin zu sich nimmt. Diese erhält der Wildlachs vom Krill – einem Krebs, welcher extrem bedeutend ist als Fischnährtier. Bekommt der Wildlachs keinen oder nur wenig Krill zu fressen, verliert das Muskelfleisch seine Farbe.

In der Fischzucht werden Lachse, Lachsforellen oder Saiblinge gegen Ende der Mast-Phase mit Hilfe von Carotinoiden über das Futter eingefärbt.

In der Herstellung von Fischfeinkost wird grauer Seelachs zu Lachsersatz und Rogen der Lodde *(Mallotus villosus)* zu knallig orangefarbenem Kaviar für Sushi.

Unterschiedliche Rotfärbungen von Atlantischem und Pazifischem Lachs

ACHTUNG! Thunfisch

Auch Thunfisch aus unseriösen Quellen wird mitunter nach dem Fang ansprechend eingefärbt!

Gelbes Fischfleisch

Die Ursache für gelbfleischiges Forellenfleisch kann auf zwei Gründe zurückgeführt werden:

- Eine unzureichende Fütterung mit Carotin
- Das Vorkommen von Grünalgen im Gewässer der Fische

Letzteres ist der häufigere Fall und kann durch eine Verbesserung der Haltungsbedingungen vermieden werden.

Alandfilet mit natürlicher Orangefärbung

BEACHTEN SIE! Orangefärbung

Bei den karpfenartigen Fischen hat der Aland/Nerfling *(Leuciscus idus)* eine natürliche Orangefärbung.

BLUTUNGEN IM FISCHFILET

Bei Forellen- oder Saiblingsfilets können durch die elektrische Betäubung oder Tötung Gewebeblutungen auftreten. Diese stellen einen optischen Mangel dar. Die Blutungen lassen sich kaum wegwaschen oder durch das Räuchern farblich angleichen.

Werden bei Handelsware oder in der Eigenproduktion solche Qualitätseinbußen festgestellt, ist die Ware zu reklamieren bzw. zu beseitigen.

Abhilfe kann eine verkürzte Anwendungszeit bei der elektrischen Betäubung bringen – oder Sie verzichten gänzlich auf diese Art der Betäubung und betäuben die Fische mittels Kopfschlag.

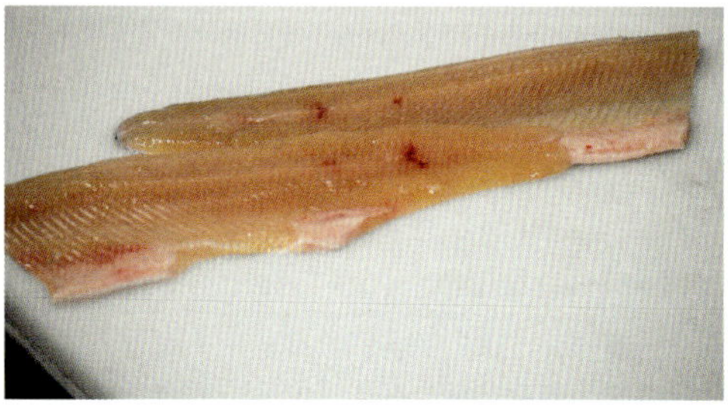

Durch die elektrische Betäubung/Tötung entstandene Gewebeblutungen

„RUNDE" BZW. NICHT AUSGENOMMENE FISCHEREIERZEUGNISSE

Ein Fischereierzeugnis, welches nicht ausgenommen wurde, wird als rund oder voll bezeichnet.

Warum aber wird dieses Risiko für Frische in Zeiten weiter Transportwege und hohem Qualitätsbewusstsein noch in Kauf genommen?

ACHTUNG!

Das Hauptargument ist der Preis!

Im Fischhandel soll „runde Ware" den preissensiblen Markt der Wiederverkäufer sowie die Gastronomie ansprechen. Der Erzeuger, Fischer oder Verarbeiter hat weniger Arbeit mit der Ware und kann sie folglich günstiger anbieten.

Wer also die Möglichkeit hat, bei einem Fischer vor Ort zu kaufen, und dazu über die Kenntnisse des küchenfertigen Zubereitens der Fische verfügt, kann hier sparen.

Der Nachteil von runder Ware ist allerdings ihr schneller Verderb. Es ist nur logisch, dass ein Fischereierzeugnis, welches unausgenommen über Stunden oder meist Tage gelagert wird, keine akzeptable Frische aufweisen kann.

Nur eine strikte und vor allem lückenlose Kühlung zwischen 0 und 2 °C kann den schnellen Verderb bremsen!

Ich bin selbst immer wieder erstaunt, wie schnell die Fleischkonsistenz von Renken oder Flussbarschen – trotz korrekter Lagerung – bei der Verarbeitung im Sommer leidet und weich wird.

Beispiele für nicht ausgenommene Fischereierzeugnisse:

- Dorade Royal
- Dorade Rosé
- Wolfsbarsch
- Knurrhahn
- Ährenfisch
- Sardine und Sardelle
- Kalamar
- Schaufische und Exoten (Eyecatcher)

Der so genannte „Ganzfisch-Ansatz"

Noch ein Aspekt, der für „runde Ware" spricht, ist die Verwertung des ganzen Fisches – ein Ansatz, der vor dem Hintergrund der Lebensmittelverschwendung beim Verbraucher verstärkt auf Resonanz trifft.

Die nutzbaren Nebenprodukte verschiedener Fische werden ab Seite 102 aufgezeigt.

GUT ZU WISSEN

Doraden

Haben beispielsweise runde Doraden einen gelben Fleck am Bauch auf Höhe der Brustflossen, ist dies bereits austretende Gallenflüssigkeit – und damit Anzeichen für fortgeschrittenen Verderb! Die Gallenblase ist in diesem Fall bereits aufgeplatzt und die Gallenflüssigkeit u. a. in das Fischfleisch eingedrungen.

Wildfang vs. Fisch aus Aquakultur

„Runde Ware" aus Wildfängen verdirbt schneller als Fisch von Aquakulturbetrieben. Der Grund ist einfach: Ware aus der Fischzucht ist vor dem Fang genüchtert. Fische aus Wildfang hingegen haben direkt vor dem Fang noch gefressen und der Mageninhalt beschleunigt den Verderb!

Praxis-Check

Umgang mit runder Ware

- Mit dem Bauch nach oben lagern, um den Druck auf die Organe zu vermeiden!
- Runde Ware nach dem Kauf umgehend säubern!
- Vorsicht bei Leinenfangware: Im Fisch kann noch der Angelhaken sein!

NACHHALTIGKEIT DAS PROBLEM MIT DEM FISCHMEHL

Werden Raubfische, wie Forelle, Saibling, Wolfsbarsch oder Lachs, gemästet, ist Fischmehl essentiell für das Wachstum der Fische. Um diesen für die Aquakultur so wichtigen Rohstoff zu gewinnen, werden auf den Weltmeeren riesige Mengen an Fisch gefangen und ebenso hochenergetisch zu Mehl zerkleinert, um schließlich als Futterpellets verfüttert zu werden.

Damit Fischmehl lagerfähig bleibt, muss es konserviert werden: unter anderem mit Ethoxyquin, einem Futtermittelzusatzstoff, welcher äußerst gesundheitsschädlich ist und im Fischfilet leicht nachgewiesen werden kann. Ethoxyquin kommt in vielen gängigen Zuchtfischen vor, soll aber in der Europäischen Union ab 2020 verboten werden, sofern seine Unbedenklichkeit für den menschlichen Verzehr von der Industrie nicht nachgewiesen werden kann.

Stellnetz am Setzbock

Einige relevante Zuchtfische, die Fischmehl als Nahrung benötigen:

- Adlerfisch
- Dorade Royal
- Gelbschwanzmakrele
- Wolfsbarsch
- Lachs
- Forelle
- Saibling
- Tilapia
- Wels

Der steigende Preis für Fischmehl und der zunehmende Widerspruch, Wildfische für die Produktion von Fischmehl zu fangen, sind für die Aquakultur problematisch.

Der Preisanstieg beim Fischmehl erklärt sich ganz klassisch über die hohe Nachfrage durch steigende Produktionsmengen. Zusätzlich belastet ist die Nachfrage durch die Überfischung der zu Fischmehl verarbeiteten Arten (z. B. Sardelle, Lodde) und Auswirkungen des Klimawandels.

Um den Anteil an Fischmehl im Futter zu reduzieren, wird daher zunehmend pflanzliches Eiweiß eingesetzt. Hier kommt Soja als (noch) günstigere Eiweißquelle zum Einsatz.

Neben dem ökologisch umstrittenen Anbau fällt beim Soja (und anderen pflanzlichen Eiweißquellen) aber noch zusätzlich die Veränderung des Fettsäuremusters im Zuchtfisch negativ ins Gewicht.

„Du bist, was Du isst“

Zuchtlachs, dem eine hohe Menge an pflanzlichem Eiweiß (Soja) verfüttert wird, nimmt im selben Maß auch „nur“ die Fettsäuren des pflanzlichen Eiweißes auf – zu Lasten der hochwertigeren Fettsäuren. So kommt es, dass ein für seine hochwertigen Fettsäuren bekannter Fisch, wie der Lachs, zunehmend weniger davon beinhaltet.

Allerdings ist die Forschung im Bereich alternativer Eiweißsubstitute in der Aquakultur bereits weit vorangeschritten. Leinöl oder Algen sind eine gleichwertige Fischölalternative, sodass ein 100 %iger Austausch von Fischmehl und Fischöl durch pflanzliche Komponenten – ohne ernährungsphysiologische Einbußen – bereits möglich ist.

BIOLOGISCH ERZEUGTE FISCHEREIERZEUGNISSE

Der Bio-Fisch hat bisher noch keinen prominenten Platz auf dem Einkaufszettel deutscher Verbraucher. Das Angebot an biologisch erzeugten Fischereierzeugnissen in und aus Deutschland ist übersichtlich.

Der Kunde hat maximal die Wahl zwischen Bio-Lachs, Bio-Forelle, Bio-Dorade Royal, Bio-Wolfsbarsch und Bio-White-Tiger-Garnelen.

Hauptunterscheidungsmerkmal für den Kunden zwischen „Bio“ und konventioneller Ware ist der verringerte Einsatz von Antibiotika und die verbesserten Haltungsbedingungen bei der Aufzucht von Fisch und Meeresfrüchten.

Besonders beim Zuchtlachs ist dem bio-affinen Kunden der Verzicht darauf wichtig. Berechtigt ist dieses Argument bei der Lachszucht allerdings kaum noch: Junge Lachse, auch Smolt genannt, werden bereits seit längerer Zeit gegen viele Bestandskrankheiten geimpft – eine gängige Praxis in allen europäischen Produktionsländern. Die Rückstände an Antibiotika im Zuchtlachs sind also mittlerweile extrem gering.

Garnelen werden genauso mit dem Einsatz von Medikamenten und eventuell auftretenden Rückständen in Verbindung gebracht. Dass der Kunde bei dieser Ware gerne zur Bio-Qualität greift, hat auch die Discounter zum Angebot von Bio-Garnelen bewegt.

In der Vermarktung muss der Mehrpreis von biologisch erzeugten Produkten sachlich begründet und die Unterschiede zwischen den Produktionsverfahren klar kommuniziert werden.

KUNDENTIPP

Argumente für biologisch erzeugte Aquakulturerzeugnisse

- Die Besatzdichte in den Teichen ist verringert, die Fische haben dadurch weniger Stress.
- Futtermittel sind aus nachhaltigen Quellen und frei von Medikamenten und gentisch veränderten Substanzen.
- Die Produktion orientiert sich an ökologischen und sozialen Richtlinien.

Das Wohlbefinden von Weidekühen ist für viele Verbraucher ein guter Grund, um für Molkereiprodukte einen Aufpreis zu bezahlen. Doch auch Fische fühlen sich wohler, wenn sie nicht dicht an dicht im aus Futterresten und Kot verschmutzten Wasser stehen.

Tierwohl beginnt nicht erst an der Wasseroberfläche!

GUT ZU WISSEN

Die (schlechten) Haltungsbedingungen von Forellen sind leicht an der Schwanzflosse zu erkennen – fehlen die Flossenspitzen und sind die Ränder rund, deutet dies auf eine hohe Besatzdichte hin.

Die Fische beißen sich gegenseitig die Schwanzflossen rund!

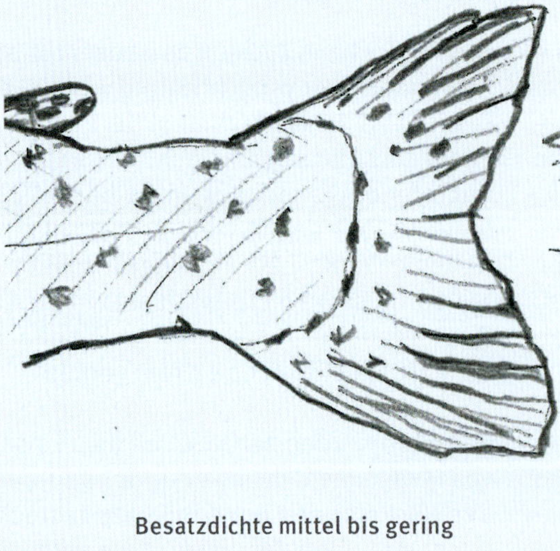

Besatzdichte mittel bis gering

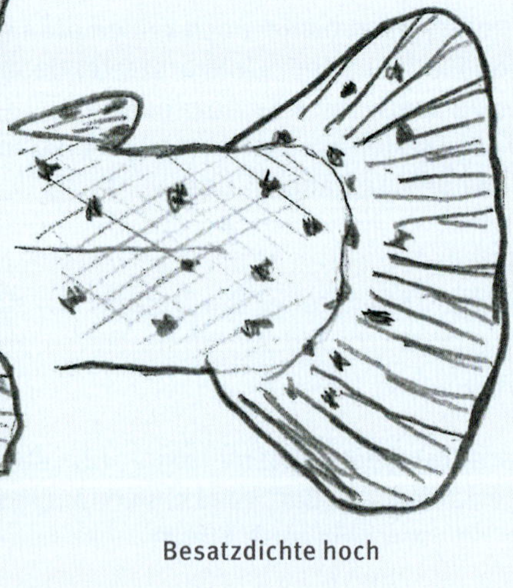

Besatzdichte hoch

Ausprägung der Schwanzflosse von Forellen in Abhängigkeit der Haltungsintensität

WUSSTEN SIE'S?

Klingt komisch, ist aber so: Bio-Fisch und Bio-Meeresfrüchte gibt es grundsätzlich nur aus Aquakultur.

Da ein Wildfang unter nicht-kontrollierten Bedingungen aufwächst, kann er, gemäß den geltenden Richtlinien, nicht als „Bio" deklariert werden. Ein Fakt, den auch viele Kunden nicht kennen und der als Argument „pro Aquakultur" genutzt werden kann!

Zertifizierter Wildfisch

Bei der Zertifizierung von Wildfisch gehört der Verein Naturland e. V. zu den Pionieren für eine ökologische und nachhaltige Fischerei.

Unter dem gleichnamigen Siegel „Naturland Wildfisch" werden Wildfänge vom Victoriabarsch, dem Ostsee-Hering oder Seelachs aus der Nordsee angeboten. Neben den Prinzipien Nachhaltigkeit und Ökologie werden richtige Fischverarbeitungspraktiken, eine stabile und verantwortungsvolle Wertschöpfungskette und gerechte Arbeitsbedingungen zertifiziert.[12]

Nachhaltiger Wildfang

Der Begriff Nachhaltigkeit ist auf allen Ebenen des Fischhandels in den letzten Jahren sehr bedeutend bzw. unumgänglich geworden.

Alle Marktteilnehmer mit breiter öffentlicher Wahrnehmung kommen am Siegel des MSC, dem Marine Stewardship Council, nicht vorbei. Dieses Siegel bestätigt eine nachhaltige Fischerei gemäß deren Grundsätzen zum Schutz von Fischbeständen mit minimalen Auswirkungen auf das Ökosystem und einem verantwortungsvollen Management[13]. Egal ob Bedien- oder Selbstbedienungstheke, am Tiefkühlregal oder der Systemgastronomie: Dem Kunden werden fast schon inflationär zertifizierte Produkte angeboten. Allein in Deutschland sind es ca. 6.360 Fischprodukte![14]

Nachhaltige Aquakultur

Der Anteil an Fisch aus Aquakultur wächst stark – und das weltweit. Er muss die Lücke schließen, die zwischen überfischten Wildfischbeständen und der steigenden Nachfrage nach Fisch entstanden ist. Der Kunde oder Gast wird sich an Zuchtware also schlichtweg gewöhnen müssen.

12 www.naturland.de/de/naturland/was-wir-tun/fisch/nachhaltiger-fischfang/fischereiprojekte-am-viktoriasee.html, Zugriff am 03. 12. 2017.
13 www.verbraucherzentrale.de, Zugriff am 17. 12. 2017.
14 www.msc.org, Zugriff am 21. 01. 2020.

Die Methoden der Fischzucht sind je nach Fischart und den Bedingungen vor Ort sehr unterschiedlich. Die Bandbreite reicht von intensivster Garnelen- oder Wels-Zucht bis hin zu extensiver, nachhaltiger Karpfenzucht.

Nach dem Bekanntwerden einiger unschöner Praktiken in Aquakultur-Betrieben haben sich eine Fülle an Produktsiegeln und eigenen Marken etabliert, die teils sehr spezifische Richtlinien vorgeben.

Die Globalisierung der Handelsbeziehungen verlangte nach einheitlichen Standards, die durch gemeinschaftliche Siegel belegt werden.

Zertifizierung

Das häufigste Siegel für Aquakulturerzeugnisse in Deutschland ist das ASC-Siegel (Aquaculture Stewardship Council) welches als Schwestersiegel des MSC gilt. Das neue Verbraucherlogo GGN, das Aquakulturprodukte für gute Agrarpraxis auszeichnet, wird zunehmend populär. Durch die Eingabe der GGN-Nummer kann der Verbraucher konkrete Informationen über Produkt und Erzeuger erhalten.[15]

Hinter diesem Siegel steht das wahrscheinlich größte Zertifizierungssystem – GLOBAL G.A.P.

Bei der Vielzahl an Siegeln und der Fülle an zertifizierter Ware drängt sich sicher nicht nur mir der Gedanke auf: Wo soll denn all diese nachhaltige Ware schwimmen ...?

Oder besser formuliert: **Halten diese Siegel wirklich alle ein, was sie versprechen?**

Die Existenz der Siegel hat erreicht, dass alle Marktbeteiligten mehr zu Transparenz und hoffentlich auch zu Nachhaltigkeit ihrer Erzeugnisse beitragen müssen. Denn der Blick unter die Wasseroberfläche ist in diesem Bereich der Urproduktion ohnehin schwieriger als in anderen Bereichen der Gewinnung tierischer Produkte.

Die Siegel sind ein guter Anfang, welchen es gilt, konsequent und real weiterzuverfolgen. Ein Thunfischfilet aus zertifizierter Fischerei in den Tropen kann aus meiner Sicht, was den Transport betrifft, nicht nachhaltig sein. Doch haben hoffentlich zumindest der/die Fischer vor Ort einen ökonomischen Vorteil, zertifizierte Ware zu produzieren!

---

15 Vgl. FischMagazin, Ausgabe 11/2018, S. 50–55.

WILDFANG ODER ZUCHTFISCH … ODER HABEN WIR ÜBERHAUPT EINE WAHL?

Drei Kundenfragen bekommt das Verkaufspersonal an der Fischtheke immer wieder zu hören:

„Ist die Ware frisch?"

Was sagt der Verkäufer? Ganz klar: „Ja!" (Was soll der Verkäufer denn anderes in dieser Situation sagen?) Was in der Theke angeboten wird, muss schließlich frisch sein.

„Eignet sich die Ware für folgende Zubereitung?"

Wenn vom Verkäufer jetzt eine kompetente Empfehlung kommt, ggf. auch zu einem alternativen Fischprodukt, wird erfolgreich verkauft!

„Ist die Ware Wildfang oder Zucht?"

Neben dem Preis und der Frische, ist dies eine entscheidende Frage für den Kauf von Fischereierzeugnissen. Leider lehnen einige Kunden Zuchtware allgemein ab und es ist schwer, eine sachliche Beratung zu bieten.

Reichhaltig Auswahl

Versuchen Sie es dennoch – mit diesen Argumenten

- Betrachtet man den energetischen Aufwand von Fang, Transport und Lagerung, dann fällt die Energiebilanz für die meisten Wildfänge katastrophal aus.
- Die steigende Nachfrage von Fisch als gesundes Lebensmittel kann nicht guten Gewissens aus Wildfang gedeckt werden – Stichwort: Überfischung!
- Bei einem Selbstversorgungsgrad für Fischprodukte von ca. 24 % (in Deutschland) sind wir von Importen abhängig.[16]
- Aquakulturware ist und wird immer bedeutender. Wir müssen uns bereits jetzt und umso mehr in Zukunft Gedanken darüber machen, wo welcher Fisch herkommt und v. a. unter welchen Umständen dieser gewonnen wird!

Ein unter guter fachlicher Praxis gewonnenes Aquakulturerzeugnis, das transparent und möglichst nachhaltig angeboten wird, ist eine ökologisch sinnvolle Option.

Weitere Argumentationshilfen

Pro Wildfang	Pro Aquakultur
■ natürlicher Aufwuchs ■ weniger Fett ■ gute Fleischqualität	■ gleichmäßige Qualität ■ keine Überfischung ■ geringer Futter- und Ressourcenverbrauch
Contra Wildfang	**Contra Aquakultur**
■ Qualitätsschwankungen ■ Überfischung	■ Fischmehl zur Fütterung ■ fetteres, weicheres Fleisch

Pro & Kontra von Wildfang und Aquakultur

DAS GUTE SCHWIMMT SO NAH!

Will man wirklich nachhaltigen und ökologisch vertretbaren Fisch verkaufen oder kaufen, so fällt die Auswahl nur auf heimisch erzeugte Fische, wie z. B. Karpfen, Wels, Hecht und Zander, aus traditioneller Teichwirtschaft.

Nicht nur wegen des kurzen Transportweges hat hier der regional erzeugte Fisch die deutlich positivere Bilanz, auch der mögliche Verzicht auf Fischmehl bei der Fütterung und der Erhalt der Kulturlandschaft sind überzeugende Aspekte.

Eine weitere kleine, aber feine Ressource ist heimischer Wildfisch.

Besteht die Möglichkeit Fische aus regional bewirtschafteten Binnengewässern zu beziehen, so kann ohne Zweifel die Nachhaltigkeit und Regionalität der Fische betont werden.

„Das Gute schwimmt so nah." Dieser Satz wäre ein markanter Slogan für die heimische Fischwirtschaft und könnte im gesamten Handel, ähnlich wie ein Siegel, Einfluss nehmen.

---

16 https://www.bzl-datenzentrum.de/versorgung/versorgungsbilanz-fischereierzeugnisse-grafik/, Zugriff: 23. 01. 2020.

Heimischer Fisch – wortwörtlich ein „hidden Champion"?

Die Existenz der beruflichen Fischerei in Deutschland, ganz zu schweigen von den Tätigkeitsmerkmalen dieser Berufsgruppe, ist dem Verbraucher leider kaum bekannt. Woran liegt es, dass trotz gestiegenem Interesse an regionalen Produkten die deutsche Fischwirtschaft kaum werbewirksam in Erscheinung tritt?

Kurz gesagt: Sie hat es nicht nötig. Die regionale Fischwirtschaft ist kleinstrukturiert und kann ihre Erzeugnisse, dank hoher Nachfrage, ohne viel Werbung absetzen. Einige von Teichwirtschaft geprägte Regionen (Aichgrund, Oberpfalz, Oberlausitz) werben oft in Zusammenarbeit mit dem örtlichen Tourismus für ihre Erzeugnisse.

Die Berufsfischer hingegen setzen ihre Fänge meist gänzlich in der Direktvermarktung oder der Gastronomie ab. Und der regionale Forellenzüchter kann die Nachfrage sowieso kaum decken.

So bleibt für den Handel, in dem der Großteil der Verbraucher seinen Einkauf tätigt, kaum Ware übrig. Sind aber Erzeugnisse aus heimischer Produktion im Handel vorhanden, benötigen diese paradoxerweise werbetechnische „Starthilfe". Sprich: fachkundiges Verkaufspersonal und Promotionsmaßnahmen, wie beispielsweise Verkostungen.

Findet eine entsprechende Promotion im konventionellen Handel nicht statt, werden die Produkte nach wenigen Monaten aufgrund fehlender „Drehung" ausgelistet. Denn das Platzangebot in den Verkaufsregalen ist hart umkämpft!

Empfehlungen für den Einstieg bzw. die Platzierung im Lebensmitteleinzelhandel:

- Der zeitliche Aufwand für Zertifizierungen von Qualitätsstandards und der administrative Aufwand kann im Vergleich zum Ertrag hoch sein.
- Hochpreisige Produkte finden ihren Absatz auch meist nur in entsprechenden Verkaufsstätten.
- Für Fischereierzeugnisse ist der Verbraucher bereit, mehr Geld auszugeben. Dies sollte jedoch beim Verkaufspreis nicht ausgenutzt werden. Einstand- bzw. Einkaufspreis und geplanter Verkaufspreis sollten frühzeitig besprochen werden.
- Der Produktnutzen muss eindeutig kommuniziert werden, d. h., welchen Vorteil bringt das Produkt? Grätenfrei, „vom Fischer aus ...", „regional und lecker" etc.
- Regelmäßige Promotionsmaßnahmen, wie professionelle Verkostungen, Kundenabende, Verkäuferschulungen usw., sind ein Muss.

Fischtheke im Handel

EINKAUF, VIELFALT & KOMPETENZ – DREI FAKTOREN FÜR ERFOLGREICHE FISCHVERMARKTUNG

EINKAUF UND WERTSCHÖPFUNG DER WARE

„Im Einkauf liegt der Gewinn" – so der allgemein gültige Grundsatz im Warenhandel.

Für die meisten Marktteilnehmer ist ein möglichst günstiger Einkaufspreis in Verbindung mit einer höchstmöglichen Qualität das erklärte Ziel.

Egal ob selbst gefangene, produzierte oder zugekaufte Fischereierzeugnisse, es muss eine höchstmögliche Wertschöpfung erreicht werden!

Für den Fischhandel oder die Gastronomie beginnt die Wertschöpfung beim Einkauf von geschlachtetem Fisch *(amK)*. Daraus kann zum Beispiel die gewünschte Filetware selbst filetiert und die jeweiligen Nebenprodukte genutzt werden.

Wie bereits am Thema Lachs auf Seite 61 ff. beschrieben, sind ganze, geschlachtete Fische überwiegend frischer. Eine Ausnahme ist wieder regional bezogene Ware, ohne Zwischenhändler oder Verarbeiter.

Natürlich muss jede Art der Bearbeitung/Veredelung betriebswirtschaftlich hinterfragt werden:

- Sind überhaupt die für das Produkt erforderlichen, fachlichen Fähigkeiten und das damit verbundene Personal vorhanden?
- Sind die nötigen betrieblichen Voraussetzungen gegeben bzw. die Abläufe umsetzbar?

Wird Filetware bezogen oder selbst produziert, dann muss sie in ihrer Beschaffenheit auch den entsprechenden *Leitsätzen für Fisch, Krebs- und Weichtieren* (im Internet unter dieser Eingabe zu finden) entsprechen.

Filets mit Flossen, Fetträndern, Rippen oder Flossenträgern sollten nicht angeboten werden.

Der Zeitaufwand und die geforderten handwerklichen Fähigkeiten sind bei folgenden Bearbeitungsformen gering und können leicht selbst umgesetzt werden.

WICHTIG! Gleichbleibende Qualität

Achten Sie auf eine gleichbleibende Qualität Ihrer Filetware!

Ausgangsware	Bearbeitungsformen
Rund- und Plattfische aoK	■ kf. (küchenfertig) ■ Karbonaden/Steak/Darne
Filet	■ Filetportion ■ Enthäuten ■ Gräten zupfen ■ V-Schnitt

Leichte Bearbeitungsformen an Fischen oder Teilen von Fischen

Liegen sichere Fähigkeiten der Fischverarbeitung vor, können beispielsweise folgende Bearbeitungsformen selbst umgesetzt werden:

Ausgangsware	Bearbeitungsformen
Rundfische *aoK*	■ Filet, Filetportionen ■ Doppelfilet ■ Loins ■ Filet, praktisch grätenfrei
Plattfische *aoK*	■ Filet ■ Doppelfilet
Seeteufel *amK*	■ Karbonaden ■ Medaillons ■ Filet ■ Bäckchen
Aal, Rutte/Quappe	■ Enthäuten
Flussbarsch *rund* oder *amK*	■ ausgezogen o. K ■ Filet
Hecht, Zander *amK*	■ Filet praktisch grätenfrei
Karpfen, Weißfische *amK*	■ gespalten/Filet grätengeschnitten

Anspruchsvolle Bearbeitungsformen an Fischen oder Teilen von Fischen

Bei der Verarbeitung ganzer Fische fallen Nebenprodukte an, die zum Teil mit vermarktet werden können. Nur selten bekommt man als Kunde beispielsweise Karkassen oder Fischinnereien angeboten. Fischkenner & Hobbyköche schätzen diesen „Service" – er kann zu einem Alleinstellungsmerkmal *(USP)* werden.

Hinzu kommt, dass die Nebenprodukte kostenpflichtig entsorgt werden müssen.

Damit ist natürlich nicht gemeint, dass man seine „Abfälle" gewinnbringend loswerden möchte.

Und es ist klar, dass auch wirklich nur ein kleiner Teil der anfallenden Nebenprodukte vermarktet werden kann.

Aber: „Kleinvieh macht bekanntlich auch Mist."

NEBENPRODUKTE DER FISCHVERARBEITUNG

Die Karkasse

Die Fischkarkasse besteht aus Kopf, Wirbelsäule und Schwanzflosse. Wird die Karkasse für einen Fischfond verwendet, muss sie gut gewässert (mind. 20 Minuten im kalten Wasser) und die Kiemen unbedingt entfernt werden.

Ich empfehle, die Karkassen mit einer geeigneten Bürste von Nieren und Blutresten zu säubern. Auch die Schwanzflosse kann nach dem Reinigen der Karkassen entfernt werden. Sie dient als Haltegriff beim Putzen, enthält aber keine geschmacklichen Inhaltsstoffe für den späteren Fond.

Die Rippen, die beim Filetieren auch anfallen, können aber genutzt werden. Genauso wie die Wirbelsäule von großen Fischen, die in Stücke geschnitten bzw. gebrochen wird. Das spart Platz im Topf und der Geschmack kann besser aus den Wirbelkörpern „herauskochen".

Für den Fond sollten keine rotfleischigen (mit Carotinoiden gefütterten) Fische verwendet werden. Karkassen von rotfleischig gefütterten Fischen, wie Lachforelle, Lachs oder Saibling, würden den Fischfond orange färben.

Nutzen Sie magere Fische für die Herstellung von Fischfond: Zu fette Fische, wie Lachs, Aal oder Wels, machen den Fond seifig oder sogar tranig. Die Haltbarkeit im Tiefkühlbereich ist aufgrund der Fette dann auch deutlich kürzer!

Für die Fischtheke werden Karkassen am besten lose oder vorportioniert in Vakuumbeuteln von 1–1,5 Kilogramm angeboten.

TIPP! Service für Stammkunden

Stammkunden bekommen die Karkassen kostenlos dazu – ein Service, den Fischliebhaber schätzen und der die Kundenbindung fördert!

So genannte *Edelfischkarkassen* werden über den Großhandel bestellt. Sie bestehen zum überwiegenden Teil aus Karkassen von Seezunge und Butt.

Sauber geputzte Karkassen von Barsch, Hecht und Weißfisch

Geeignete Karkassen zur Herstellung von Fischfond

- **Salzwasserfische:** Seeteufel, Scholle, Seezunge, Drachenkopf (Rascasse), Knurrhahn, Rotbarsch, Kabeljau, Seelachs, Schellfisch, Wittling
- **Süßwasserfische:** Flussbarsch, Hecht, Zander, Forelle, Weißfisch
- Zur Herstellung von Krebsfond eignen sich besonders Krusten und Schalen von: Hummer, Languste, Kaisergranat, Taschenkrebs, Garnele, Heuschreckenkrebs

VERMARKTUNGS-TIPP

Wird hausgemachter Pulpo-Salat angeboten, kann auch das Kochwasser, indem die Krake simmert, als Meeresfrüchte-Fond vermarktet werden!

KUNDENTIPP

Herstellung eines Fischfonds

Einen Fischfond kann man auf zweierlei Arten ansetzen.

Methode 1
Das Gemüse wird mit den Karkassen zusammen angeschwitzt und dann mit kaltem Wasser abgelöscht. Nachdem die Flüssigkeit aufgekocht ist, kommt noch trockener Weißwein dazu (Verhältnis Wasser zu Wein 3 : 1). Das Eiweiß, das auf der Oberfläche schwimmt, wird mit einer Schaumkelle abgeschöpft. Durch das Anschwitzen wird der Fond kräftiger, aber auch trüber. Er eignet sich besonders für Saucen.

Methode 2
Das Gemüse und die Karkassen werden in kaltem Wasser angesetzt. Der Weißwein kommt ebenfalls nach dem ersten Aufkochen hinzu und auch hier wird das Eiweiß abgeschöpft. Ein kalt angesetzter Fond ist milder und eignet sich besonders für feine Suppen.

Allgemein gilt: Fischfond soll nicht länger als 20–30 Minuten köcheln, andernfalls wird er „leimig“ bzw. zäh und klebrig[17].

Lachsköpfe für eine Bouillon/Brühe

17 Teubner, Das große Buch vom Fisch, Fonds und Saucen, S. 141.

Karkassenfleisch (Schabefleisch)

Karkassen von Lachs, Lachsforelle oder Saibling können noch gänzlich von den Fleischresten befreit werden, indem man sie mit einem Löffel auskratzt/ausschabt.

Ausbeute an Karkassenfleisch eines Atlantischen Lachses mit 4–5 kg

Dieses absolut grätenfreie Muskelfleisch eignet sich hervorragend für Tatar, kurz gebraten zu Spaghetti, als Füllung für Nudeltaschen oder als „Fisch-Brät" für Frikadellen.

Die Bauchlappen

In den Bauchlappen befindet sich der Hauptanteil des Fettes beim Fisch. Entfernt man den Bauchlappen, so entfernt man neben wichtigen Fettsäuren für die menschliche Ernährung auch eine große Portion an Geschmack für die Zubereitung!

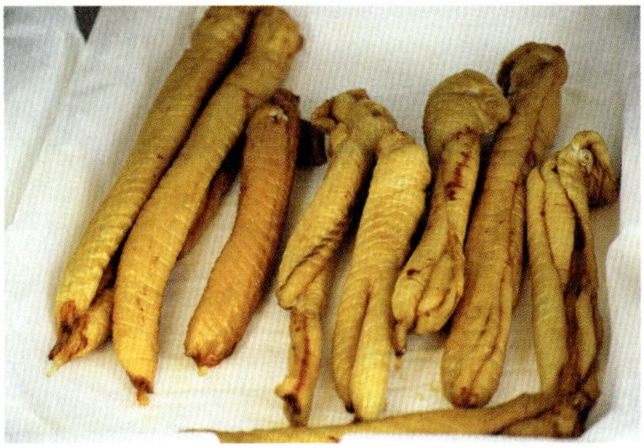

Schillerlocken

Bekannte Fischprodukte aus den Bauchlappen sind die Schillerlocke (aus den Bauchlappen des Dornhais), die Goldlocke aus Tilapia und die Lachslocke.

Lachslocke

Bei Fischen wie Renken/Felchen, Portionsforellen oder -saiblingen wird auf das Parieren/Trimmen der Bauchlappen verzichtet. Diese Fische weisen ohnehin nur wenig Fett auf, und wenn man beim Filetieren die Bauchlappen am Filet belässt, verringert sich der Filetierverlust.

Sollen Fischfilets geräuchert werden, benötigt man das Fett zur Geschmacksgebung. Verwendung finden Bauchlappen beim Heißräuchern, eingeschlagen als so genannte Lachslocke.

Bauchlappen können als Fettkomponente zur Herstellung von Fischfrikadellen genutzt werden.

Die Fischleber

Werden Fische geschlachtet, können die Lebern vorsichtig von der Gallenblase entfernt und separat angeboten werden.

Platzt die Gallenblase aber auf, muss die Leber verworfen werden!

Der Aufwand lohnt sich bei:
Kabeljau, Rutte, Salmoniden, Hecht, Wels

BEACHTEN SIE! Parasiten und Haltbarkeit

Alle Lebern sollten gründlich auf den Befall von Parasiten untersucht werden! Ihre Haltbarkeit ist außerdem sehr begrenzt.

KUNDENTIPP

Zubereitung von Nebenprodukten

Fischleber
Die Leber in Mehl wenden und in reichlich Butter kurz und kräftig anbraten. Mit Balsamico ablöschen und würzen. Dazu passt – wie bei Leber Berliner Art – Bratapfel oder Bratbirne, in Scheiben oder Würfel geschnitten.

Fischhaut
Gemeint ist hier die Fischhaut an sich – d. h. ohne Filet. Die Haut gut schuppen, salzen, in Mehl wenden und resch anbraten: fertig ist ein knuspriger Snack, der besonders als Topping auf Salat punktet.

Der Aufwand lohnt sich bei:
Forelle, Saibling, Lachs, Wolfsbarsch, Flussbarsch, Zander

Gonaden (Rogen und Milch)
Milch vom Karpfen ist eine klassische Zugabe zu „Karpfen blau“. Die Milch wird kurz vor dem Garziehen des Fisches mit in den Sud gegeben.

Auch als Suppeneinlage für Beuschelsuppe ist die Milch ein Genuss. Frittiert oder ausgebacken, schätzt man sie in Franken als „Ingreisch“.

Rogen kann außerdem für mehrere Spezialitäten als Ausgangsprodukt verwendet werden: beispielsweise zur Herstellung von Taramas (Rogenmayonaise). Oder gesalzen und getrocknet als hausgemachte Botarga.

KOMPETENZ UND SERVICE IM VERKAUF

„Früher haben wir das Essen gejagt, heute jagt das Essen uns!"

Der Spruch (wenn auch leider nicht von mir) trifft den Nagel auf den Kopf und beschreibt recht bildlich die Problematik: an jeder Ecke Imbissbuden, Bistros, Foodtrucks & Co.

Und in den Supermärkten die heiße Theke, der kleine Mittagssnack aus der Kühltheke, der Bäcker mit belegten Brötchen im Eingangsbereich. Alles äußerst „convenient" ...

Im städtischen Bereich ist ein Überangebot an Einkaufsmöglichkeiten und Gastronomiebetrieben vorhanden. Jeder Mitbewerber ringt um die Aufmerksamkeit der Konsumenten, um dann letztlich doch dasselbe anzubieten.

Hand auf's Herz: Minipizzen, belegte Brötchen, Salate usw. finden Sie bei jedem x-beliebigen Supermarkt.

Der Warengruppe Fisch wird hier eine besondere Rolle zuteil: Es ist ein Warensegment, mit dem sich der Handel vom Wettbewerb abheben und die Kundenfrequenz steigern kann!

Das Beispiel der Selbstbedienungstheke im Discountbereich zeigt, dass gewisse Standardprodukte über den Preis dauerhaft ihre Käufer finden. Der Absatz von portioniertem und verpacktem Fisch und Meeresfrüchten, frisch als auch gefroren, wird wahrscheinlich mit dem Online-Lebensmitteleinkauf in Zukunft steigen. Diese Entwicklung ist für die meisten Marktteilnehmer Herausforderung und Chance zugleich.

Für die Bedientheke werden die Stichworte Kompetenz und Service zunehmend bedeutender.

Zeigen Sie, was Sie haben und was Sie können!

Beraten Sie Ihre Kundschaft zu Ihrer Ware und geben Sie Tipps. Bieten Sie eine Reihe an Zusatzservices an, wie Enthäuten, Schuppen, Filetieren oder das küchenfertige Portionieren: Der Kunde erfährt dadurch eine Wertschätzung, die mehr wiegt als die Orientierung am Preis.

Lassen Sie den Kunden diesen Mehrwert auch „erfahren"! Wenn Sie filetieren, dann vor den Augen des Kunden. Selbst wenn das Filetieren die ersten Male nicht zu 100 % gelingt, die Übung macht bekanntermaßen den Meister.

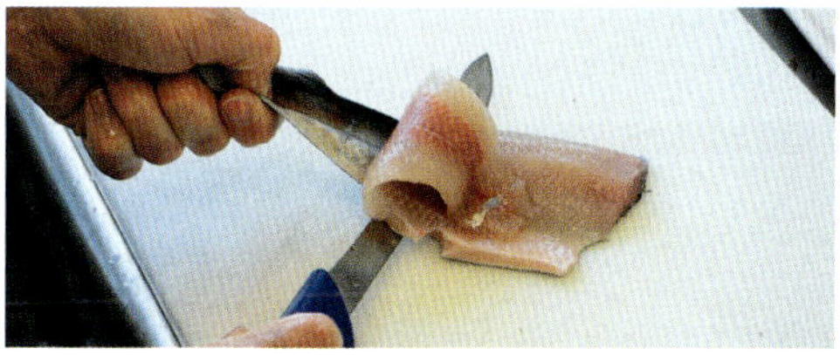

Enthäuten von Fischfilet

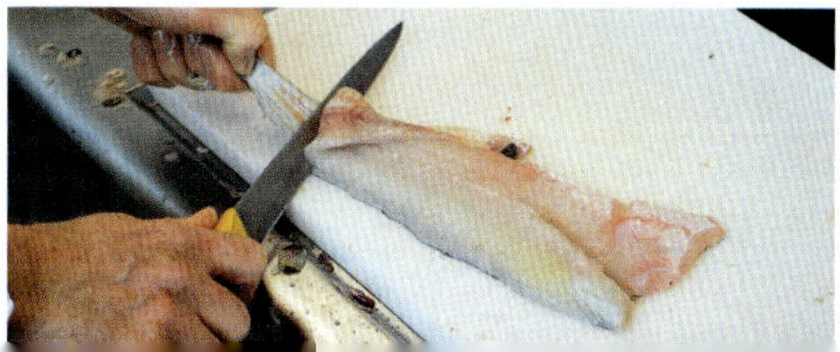

Ich unterscheide in der Direktvermarktung zwischen Tätigkeiten, die die Verkäuferin oder der Verkäufer machen **sollte** und machen **kann.**

Jedes Fischereierzeugnis **sollte** so weit wie möglich und so gründlich wie möglich küchenfertig gemacht werden.

Fisch ist für viele Kunden noch etwas „sperrig“ in der Zubereitung (im Vergleich zu Fleisch) und sie nehmen das Angebot, ihren Fischeinkauf küchenfertig zu säubern, gerne an.

Ein solcher Service positioniert Sie als kompetent und bindet Kunden!

Praxis-Check
Nachputzen von Handelsware

Mittelmeerware muss unbedingt nachgeputzt werden. Fische, wie Dorade Royal und Wolfsbarsch, sind selten ausreichend sauber geschlachtet. Überwiegend sind Kiemen, Bauchfell oder Bauchhaut, Eingeweidefett und die Niere noch in den Fischen.

Es lohnt sich, die Ware gleich beim Wareneingang zu putzen. Sie bleibt dann länger frisch! Außerdem spart es Zeit im Verkauf, wenn die Fische bereits sauber sind.

Der dabei entstehende Verlust je Fisch kann ca. 20–30 g betragen und muss entsprechend einkalkuliert werden.

Ist die Ware küchenfertig, kann gefragt werden, welche Zubereitung geplant ist. Hier erfahren Sie mehr über Vorstellungen und Wünsche des Kunden. Nicht selten können dann Zusatzprodukte oder sogar besser geeignete Ware empfohlen werden!

Soll die Ware beispielsweise gegrillt oder in Alufolie gegart werden, empfehlen Sie, Flossen und Kopf vorher zu entfernen. Schlagen Sie vor, die Fische am Rücken einzuschneiden und die Schnitte mit Kräutern zu spicken. Das verkürzt die Garzeit und intensiviert das Aroma.

Geben Sie Tipps zur Zubereitung und dem Kunden damit ein Gefühl der Vorfreude auf dieses hochwertige Produkt! Der Fischeinkauf wird damit genussvoller und persönlicher – eine Kauferfahrung, die über den Preis nicht herzustellen ist.

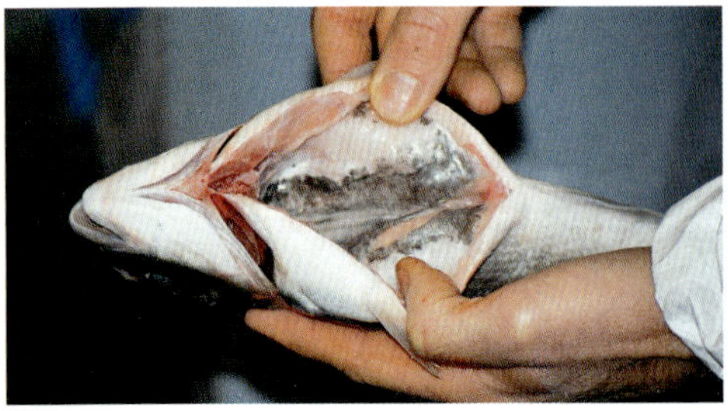

Dorade Royal *(Sparus aurata)* ungeputzt

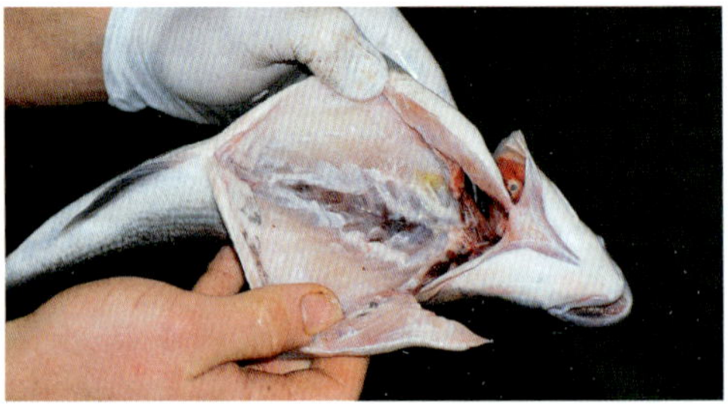

Der geputzte Fisch

STICHWORT „Cross-Selling"

Gemeint ist der Querverkauf von passenden, sich ergänzenden Waren (Fischfond, Gewürz) und nützlichen Waren oder Dienstleistungen (Werkzeug, Buffetplatte).

Zu Fisch und Meeresfrüchten kann beispielsweise angeboten werden: Fischfond, Wein, Gewürze, Spargel, Kochbuch, Messer, Grätenpinzette, Filetiergabel, Grillzange, belegte Buffetplatten.

FEINE VIELFALT

Zur Kompetenz im Verkauf gehört, neben richtiger Beratung, auch ein wechselndes Sortiment. Im Lebensmitteleinzelhandel sind Bedienungstheken oft klein. Das macht nichts – lieber klein, fein und frisch! Nutzen Sie das Sortiment Ihrer Lieferanten aus. Fragen Sie Ihren Lieferanten nach Spezialitäten und/oder anderen Sorten.

Lachsforelle

Ein Beispiel

Es gibt vier verschiedene „Typen" von Regenbogenforellen *(Oncorhynchus mykiss)* im Handel. Jede davon hat ein anderes Aussehen und/oder verschiedene geschmackliche Eigenschaften:

- Die klassische Regenbogenforelle
- Die Lachsforelle (Regenbogenforelle rotfleischig)
- Die Goldforelle (quasi die „weiße Maus")
- Die Fjordforelle, welche als Filet leicht mit dem Lachs verwechselt werden kann.

Alles ein und derselbe Fisch.

Goldforelle

Fjordforelle

Zudem gibt es noch die Bachforelle *(Salmo trutta)*, welche auch silbrig glänzend als Seeforelle gezüchtet/gefangen und als Meerforelle als absolute Rarität angeboten wird. Die genannten Beispiele von der Regenbogenforelle und der Bachforelle zeigen anhand von nur zwei Fischarten welche Vielfalt im Sortiment möglich ist.

Ein wesentlicher Teil eines wechselnden Sortiments ist Saisonware. Dem Verbraucher wird in jeder möglichen Warengruppe frühzeitig die kommende Saison angeboten. Denken wir dabei an Bärlauch, Spargel, Erdbeeren, Kartoffeln ...

Es liegt also nah, auch das Saisonsortiment bei Fisch und Meeresfrüchten saisonal auszuschöpfen.

Jan.	Feb.	März	Apr.	Mai	Juni	Juli	Aug.	Sep.	Okt.	Nov.	Dez.
								Muscheln (Miesmuscheln, Austern, ...)			
Winterkabeljau/ Skrei			Lachs, Forelle, Saibling (z.B. Fisch mit Spargel)								
		Ostersortiment			Matjes						Festtags-sortiment
	Matjes & Marinaden			Scholle, Flunder, Steinbutt, Seezunge					Karpfen, Hecht, Zander		
Seelachs, Kabeljau, Heilbutt, Steinbeißer					Grillfisch-Marinaden: Lachs, Dorade, Wolfsbarsch						
										Räucherfisch	

Saisonkalender für Fischereierzeugnisse

DIE BESTELLUNG DER WARE BEIM LIEFERANTEN

Wenn Sie Ware über einen Großhändler bestellen, empfehle ich, Ware so oft wie möglich anhand einer Orderliste zu bestellen. Dort stehen, übersichtlich und detailliert beschrieben, die wöchentlich verfügbaren Artikel eines Lieferanten oder des Zentraleinkaufs. Verschiedene Trimmstufen, Sortierungen, Qualitäten, Gebindegrößen und ggf. Preise können so einfach und schnell verglichen werden.

Eine telefonische Bestellung ist zwar zeitsparender, aber Sie bekommen nähere Wareninformationen nur in mündlicher Form, was einen Vergleich schwer macht. Zudem wird telefonisch auch gerne das angeboten, was eventuell beim Lieferanten an Überkapazitäten vorhanden ist oder sich auf seine Spanne positiv auswirkt.

Ein weiterer Nachteil der telefonischen Bestellung ist die schleichende Bestellroutine. Gemeint ist die Bestellung meist gleicher Ware – was auf Dauer Mitarbeiter und Ihre Kunden langweilt.

Folgende Tabelle hilft Ihnen, verwendete Abkürzungen von Bearbeitungsstufen einer Orderliste oder eines Bestellscheins zu deuten:

Bearbeitungsstufen an Fischkisten

Abkürzung	Bearbeitungsform	Gängige Erzeugnisse
amK	ausgenommen mit Kopf	Lachs, Forelle, Karpfen, Dorade, Wolfsbarsch, Butt
aoK	ausgenommen ohne Kopf	Schellfisch, Skrei, Wildlachs, Heringe, Seeteufelschwanz
B/F	blockgefroren	Makrelen, Garnelen und Garnelenschwänze
Chunk	Stücke, Brocken	Thunfisch- oder Kingcrabdosen
gutted	ausgenommen	Lachs
deveined	entdärmt	Garnelenschwänze
Doppelfilet/ Butterfly/ Lappen	Filet, am Rücken zusammenhängend	Hering, Sardine
Easy Peel, Butterfly	ohne Kopf und Darm am Rücken aufgeschnitten	Garnelenschwänze
Flakes	Flocken	Thunfischdosen
frozen count	mit Glasur sortiert	Garnelen und Garnelenschwänze
gespalten/ Hälften	in der Mitte geteilter Fisch	Karpfen
gilled	Ohne Kiemen	Lachs
H/L	ohne Kopf mit Schale	Garnelenschwänze, Langusten, Hummer
H/O	mit Kopf und Schale	Garnelen, Kaisergranat
HP	high pressure	Hummer, Languste, Auster
headed	geköpft	Lachs, Schellfisch
Inter-leaved	einzeln entnehmbar, durch Folienblatt getrennt oder Platten gefroren	Garnelen, Seeteufelfilet
IQF	Individually quick frozen, einzeln entnehmbar	Alaska-Seelachsfilet, Pangasiusfilet, Kalamartuben, Garnelen und Garnelenschwänze
IWP	einzeln glasiert, in Folie verpackt	Garnelen und Garnelenschwänze
kf.	küchenfertig geschuppt ohne Kopf und Flossen	Scholle, Heilbutt, schwarz, Schellfisch, Kabeljau
Loin/ Rückenfilet	grätenfreies Filetstück aus dem oberen Rückenmuskel	Kabeljau, Seelachs, Steinbeißer, Lachs, Rotbarsch
m.H./o.H.	mit oder ohne Haut	Filetware, Aal

Abkürzung	Bearbeitungsform	Gängige Erzeugnisse
pbi/pbo	mit oder ohne Stehgräten	Lachsfilet
PD	geschält und ohne Darm	Garnelenschwänze
pgf	praktisch grätenfrei	Lachsfilet ab Trimm D, Loin
real count	netto Sortierung	Garnelen und Garnelenschwänze
Semi-IQF	mit Schutzglasur, nicht einzeln entnehmbar	Garnelen und Garnelenschwänze
Split Lobster	Hummer gespalten	Hummer
SW/FW	Salzwasser/Süßwasser	Garnelen und Garnelenschwänze
vmK (voll mit Kopf) oder rund	nicht ausgenommene Ware	Bückling, Dorade, Wolfsbarsch, Sardinen, Sardellen, Stint, Lachshering, Exoten

Relevante Abkürzungen von Bearbeitungsstufen

Das Frischfischsortiment teilt sich in Konsumware und Exoten

Mit Konsumware sind gängige Mengenartikel gemeint. Ware, die zum Standardsortiment gehört und auch als Angebotsware dient.

Beispiele Konsumware: Kabeljau, Seelachs, Schellfisch, Rotbarsch, schwarzer Heilbutt, Scholle

Die so genannten Exoten sind etwas Besonderes und locken als „Eyecatcher" den Kunden an die Fischtheke.

Sie kommen als Flugware aus weit entfernten Fanggebieten oder Aquakulturen.

Es lohnt sich, die Flugware gründlich mit kaltem Wasser auszuspülen und die Kiemen zu entfernen, denn durch die häufig lange Transportdauer entsteht in den geschlossenen Transportkisten ein gewisser Keimdruck. Diese Ware profitiert besonders durch eine gute Warenpflege.

Beispiele Exoten: Red Snapper, Zackenbarsch (Grouper), Meerbarben, Papageienfisch, Mahi Mahi, Segelfisch

VORSICHT! Verletzungsgefahr!

Die Kiemen von Barscharten, wie beispielsweise Snapper, haben Kiemendornen. Auch die Gefahr von verbliebenen Angelhaken im Schlund der Fische ist real!

PARALLELNAMEN VON BEKANNTEN SPEISEFISCHEN

Die Kenntnis über die verschiedenen Bezeichnungen gängiger Speisefische ist für den Fachverkauf, die Gastronomie oder für das Servicepersonal von Bedeutung. Wird dieses Thema bei Seminaren behandelt, so kommt es stets zum Ah-Effekt oder zum Schmunzeln bei folgendem Beispiel:

„Ist die Lotte da? – Nein, die hat heute frei!“

Der Kunde möchte gerne Seeteufel. Lotte *(lotte de mer)* ist der französische Name für Seeteufel und eher seltener der Name eines Kollegen aus dem Verkaufsteam.

Dieses etwas überzogene Beispiel würde dem Kunden zeigen, ob sich die Verkäuferin oder der Verkäufer mit der Materie auskennt. Mit diesem überspitzten Beispiel möchte ich verdeutlichen, dass es durchaus Kunden gibt, die das Personal fachlich herausfordern möchten.

Menschen kommen heute an sämtliche Orte der Welt und konsumieren Fisch und Meeresfrüchte mit der dort gebräuchlichen Bezeichnung bzw. Sprache. Auch versucht die Gastronomie, sich mithilfe von anderen oft regionalen Bezeichnungen vom Wettbewerb zu differenzieren.

So findet sich der beliebte Grillfisch Dorade Royal *(Sparus aurata)* auf den Speisekarten auch gerne als Gold- oder Meerbrasse.

Für den Verkauf ist es wichtig, mit der Vielfalt an Bezeichnungen vertraut zu sein – kommunizieren Sie Ihr Fachwissen und lassen Sie den Kunden nicht „hängen“, weil Ihnen z. B. eine regionale Bezeichnung nicht geläufig ist!

Dorade Royal oder Goldbrasse

Übersicht der Parallelnamen oder ausländischen Bezeichnungen von gängigen Fischen und Meeresfrüchten

- Adlerfisch/Umberfisch *(Argyrosomus regius)*
- Amur/Graskarpfen *(Ctenopharyngodon idella)*
- Barsch/Flussbarsch/Kretzer/Schratzen/Egli *(Perca fluviatilis)*
- Bonito/Skipjack *(Katsuwonus pelamis)*
- Cobia/Offiziersbarsch *(Rachycentron canadum)*
- Dorade Royal/Goldbrasse *(Sparus aurata)*
- Drachenkopf/Rascasse *(Scorpaena scrofa)*
- Goldmakrele/Mahi Mahi *(Coryphaena hippurus)*
- Kabeljau/Skrei/Dorsch *(Gadus morhua)*
- Katfisch/Steinbeißer/Seewolf *(Anarhichas lupus)*
- Krake/Oktopus/Pulpo *(Octopus vulgaris)*
- Limandes/Echte Rotzunge *(Microstomus kitt)*
- Meeraal/Conger *(Conger conger)*
- Merlan/Wittling *(Merlangius merlangius)*
- Nordseekrabbe/Granat *(Crangon crangon)*
- Petersfisch/St. Pierre/Heringskönig *(Zeus faber)*
- Renke/Felchen/Reinanke/Maräne/Schnäpel *(Coregonus spp.)*
- Rosenberggarnelen/Hummerkrabbe *(Macrobrachium rosenbergii)*
- Rotbarsch/Goldbarsch *(Sebastes marinus/mentella/norvegicus)*
- Rutte/Quappe/Trüsche *(Lotta lotta)*
- Salicorne/Paspierre/Seespargel/Queller/Glasschmalz *(Salicornia europaea)*
- Scholle/Goldbutt *(Pleuronectes platessa)*
- Seehecht/Hoki/Hechtdorsch *(Merluccius spp.)*
- Seeteufel/Lotte *(Lophius piscatorius)*
- Victoriabarsch/Nilbarsch *(Lates niloticus)*
- Wellhornschnecke/Bulot *(Buccinum undatum)*
- Wolfsbarsch/Loup de Mer *(Dicentrarchus labrax)*
- Zackenbarsch/Grouper *(Epinephelus spp.)*

IST DIE SCHILLERLOCKE EIN FISCH UND WAS FÜR EIN LACHS IST DER SEELACHS?

Diese beiden Fragen können die meisten Fischliebhaber leicht beantworten. Sie auch? Im Folgenden finden Sie eine Reihe weiterer Bezeichnungen, die sich aus historischen und/oder traditionellen Gründen im Warensegment Fisch etabliert haben.

Brados
Lachsheringsfilet

Bückling
Heißgeräucherter Hering, vmK oder amK

Goldlocke
Heißgeräucherte Bauchlappen des Tilapia *(Oreochromis spp.)*.

Grüner Hering
Frischer Hering

Kipper
Kaltgeräucherter gefleckter Hering

Lachshering
Kaltgeräucherter Hering, vmK oder amK

Lachsersatz

Als Rohware für dieses Produkt wird Köhler oder Pollack verwendet. In der Herstellung gibt es große qualitative Unterschiede! Hochwertiger Lachsersatz wird über einige Wochen durchgesalzen, gewässert, in Schnitzel geschnitten, eingefärbt und ca. 20 Minuten kalt geräuchert. Preisgünstige Ware wird zuerst geschnitten und anschließend gesalzen, gefärbt und kaltgeräuchert. Die Bezeichnung „Lachsersatz" ist Pflicht – als Unterscheidung zum echten Lachs.

Lachsersatz

Stockfisch

Seelachs

Köhler/Kohlenfisch *(Pollachius virens)*. Ein dorschartiger Fisch, nahrhaft lecker und meist preiswert. Er hat optisch und auch geschmacklich aber keinerlei Gemeinsamkeiten mit dem Lachs.

Diese reine Phantasiebezeichnung wurde nur eingeführt, um den Fisch namentlich aufzuwerten.

Gleiches gilt für den Alaska-Seelachs – den Pazifischen Pollack *(Theragra chalcogramma)*. Sein Filet wird industriell zu Blockware gefroren Und findet Verwendung in Fischstäbchen, Schlemmerfilets oder Fisch-Burgern.

Pilchard *(Sardina pilchardus)*

Engl. für Sardine. Auch große Sardinen mit einer Länge von ca. 30 cm

Seeaal

Grätenfreies Rückenfilet des Dornhaies *(Squalus acanthias)*

Schillerlocke

Heißgeräucherte Bauchlappen des Dornhaies *(Squalus acanthias)*.

Victoriasee-Barsch

Nilbarsch *(Lates niloticus)*, welcher in den Victoriasee eingesetzt wurde.

Stock- und Klippfisch

Luftgetrocknete, kabeljauartige Fische, wie Kabeljau, Köhler, Pollack, Schellfisch, Leng.

Der Stockfisch ist nur getrocknet. Der Klippfisch ist zudem noch gesalzen. Bekannt und geschätzt sind diese Erzeugnisse unter dem Namen Bacalao – spanisch für Kabeljau. Als ehemalige große Seefahrernationen schätzen besonders die Spanier und Portugiesen diese Produkte sehr.

Um einen Überblick über alle in Deutschland zugelassenen Handelsbezeichnungen zu bekommen, gibt es auf der Internetseite der Bundesanstalt für Landwirtschaft und Ernährung (BLE), ein ständig aktualisiertes Verzeichnis für Erzeugnisse der Fischerei und Aquakultur.

Link:
www.ble.de/SharedDocs/Downloads/DE/Fischerei/Fischwirtschaft/HandelsbezeichnungDLat.pdf

KLEINE BEGRIFFSKUNDE FÜR GARNELEN

Die Deklaration von Garnelen ist nicht selbsterklärend, sondern, im Gegenteil (und vielleicht absichtlich?) eher undurchsichtig.

In diesem Produktions- und Handelssektor wird gerne mit den ausländischen Bezeichnungen jongliert und manche Garnele zum König gekrönt! Was sind nun eigentlich ...?

Taschenkrebse

Krabben
Kurzschwanzkrebse mit zwei großen Scheren

Garnelen
Langschwanzkrebse. Sie haben anstelle von Scheren Fühler.

White Tiger Garnelen

Shrimps
Kleine Garnelen. Gepult ergeben 200 Stück ca. 1 Kilo

Prawns/Kingprawns
Englisch für Garnelen. „King" bezeichnet große Exemplare.

Camerones

Crevetten
Französisch für Garnelen

Gambas
Spanisch für Garnelen

Camarones
In Spanien der gebräuchliche Sammelbegriff für alle Garnelenarten. Gemeint ist eigentlich eine im Ostpazifik verbreitete Garnelenart.

Kaisergranat/Scampi, Langoustine

Scampo/Scampi, Langoustine
So darf nur der Kaisergranat bezeichnet werden; er besitzt zwei dünne lange Scheren.

SORTIERUNG VON GARNELEN

Die Anzahl der Garnelen je Nettogewicht der Verpackungsgröße wird mit englischen Pfund angegeben. Ein englisches Pfund entspricht 454 g und wird mit lb (lateinisch *libra*, „Waage“) abgekürzt.

Grund dafür ist der Hauptabsatzmarkt für Garnelen – die USA.

Für den deutschen Handel ist das äußerst verwirrend, aber bisher von der Europäischen Union nicht harmonisiert worden.

Etiketten von Tiefkühlgarnelen

EINE BESONDERHEIT! Produktangaben

Handelt es sich um ganze Garnelen mit Kopf (head on) – roh oder gekocht – werden Stück (engl. Pieces: pcs) pro Kilogramm angegeben. Also pcs/kg.

Handelt es sich aber um Garnelenschwänze (headless), werden Stück pro englischem Pfund deklariert. Also pcs/lb.

Ausnahme: Die häufig angebotenen Rosenberggarnelen *(Macrobrachium rosenbergii)*, eine Süßwassergarnele, die auch Hummerkrabbe genannt wird, wird auch im Ganzen als Stück pro Pfund, also pcs/lb, gehandelt.[18]

Der Kunde bekommt zu all dem Wirrwarr nur eine ungefähre Stückzahl von Garnelen pro/lb oder pro/kg auf der Verpackungseinheit.

Um eine Sortierung von 8–12 (auch als 8/12 deklariert) umzurechnen, rechnet man:

8 : 0,454 kg = 18 Stück pro kg

bzw.

12 : 0,454 kg = 26 Stück pro kg

In einer Verpackungseinheit befinden sich also 18–26 Stück/kg.

Für einen schnellen Überblick im Tagesgeschäft ist diese Rechnung hilfreich:

454 g geteilt durch 12 = 37,8 g
454 g geteilt durch 8 = 56,8 g

Innerhalb dieser Gewichtsspanne von 37,8 g bis 56,8 g (also ca. 45,4 g durchschnittlich) sollten die Garnelenschwänze liegen. Kleinere Abweichungen sind zu akzeptieren.

Nicht akzeptabel sind Überglasuren!

Eine Glasur von 10–20 % ist zwar die Regel und schützt die Ware vor Gefrierbrand.

Der Anteil dieser Wasserglasur muss aber bei der Angabe des Abtropfgewichts (Füllgewicht – Abtropfgewicht = Glasurgewicht) deutlich erkennbar sein!

18 vgl. Teubner, Küchenlexikon: Shrimps, Hummer & Langusten, S. 26–29.

GUT ZU WISSEN! Weitere Produktangaben

Die Angabe „fc" bedeutet frozen count und heißt, dass die Ware mit Glasur gewogen wurde!

Die Angabe „U" (englisch „under") wird bei großer Ware angewandt. Die Bezeichnung U/7 bedeutet, dass unter 7 Stück pro lb enthalten sind.[19]

QUALITÄTSSTUFEN BEI GARNELEN

Bei Garnelen gilt wie bei Fischen: Je kälter der Lebensraum, desto qualitativ hochwertiger die Garnele. Die Tiere wachsen durch das kalte Wasser langsamer und sind dadurch in ihrer Konsistenz fester.

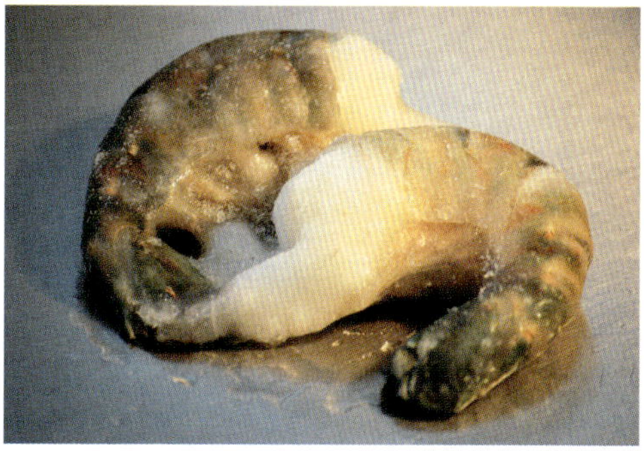

Black Tiger Garnelen mit Glasur

Auch die Unterscheidung zwischen Meer- und Süßwassergarnelen ist wichtig: Meerwassergarnelen (Seawater) sind hochwertiger. Die Fleischkonsistenz ist fester, Auftau- und Garverluste sind geringer. Durch ihre dünnere Schale bleibt außerdem eine höhere Ausbeute.

Black Tiger Garnelen ohne Glasur

Beispiele Meerwassergarnelen:
Black Tiger, Tiefsee- oder Grönlandgarnele, Nordseegarnele

Süßwassergarnelen (Freshwater) hingegen haben festere und größere Schalen. Die Fleischkonsistenz ist zudem weicher.

Beispiele Süßwassergarnele:
Rosenberggarnele

19 Teubner, Küchenlexikon: Shrimps, Hummer & Langusten, S. 28.

KUNDENTIPP

Saftige Garnelen

Nicht aufgetaute Garnelen und Garnelenschwänze (sowohl mit als auch ohne Schale) krümmen sich beim Garen langsam, während Feuchtigkeit verdunstet.

Je länger eine Garnele gegart wird, umso mehr nimmt sie eine „O“-Form an. Damit die Garnele durchgegart aber immer noch saftig ist, kann die V-U-O-Regel bei der Zubereitung oder der Kundenberatung helfen:
Die rohe Garnele ist „V“-förmig. Wird sie gegart, krümmt sich sich zu einem „U“. Wurde sie zu lange gegart, wird sie zu einem „O“: „O, wie schade!“

Sicheres Durchgaren ist bei Garnelen meist angebracht. Aber die Phase zwischen U und O ist ausreichend.
Garnelen werden erst nach dem Garen geschält, außer sie garen in Suppen oder Saucen.

v. l. n. r.: Garnele roh mit V-Form, gekocht mit U-Form, verkocht mit O-Form

HUMMER

Die zwei kommerziell genutzten Hummerarten sind der häufigere, preiswerte Amerikanische Hummer *(Homarus americanus)* und der wesentlich seltenere und damit teurere Europäische Hummer *(Homarus gammarus)*.

Optisch ist er dunkler, bis hin zum Bläulichen.

Sortierung von amerikanischem Hummer

- Canner bis 420 g
- 13/4 bis 930 g
- Chix bis 600 g
- Selects bis 1.200 g
- Quarters bis 690 g
- Small Jumbos bis 1.360 g
- Halves bis 780 g
- Medium Jumbos bis 3.000 g
- Large Jumbos 3.000 g +

Lebende Hummer – lieber nicht!

Gleich zu Beginn dieser Thematik: Vermeiden Sie die Bevorratung/Lebendhälterung mit Hummern.

Zum einen ist es schlicht Tierquälerei. Desweiteren werden Sie oder Ihre Kunden mit der Qualität nicht immer zufrieden sein ... Die Tiere sind von der langen Hälterung ausgezehrt und der Fleischanteil ist gering. Viele Hummer sind zudem kaum noch vital.

Ein vitales Tier erkennt man an der Abwehrhaltung beim Hantieren. Der Hummer streckt seine Scheren nach oben, teilweise bis hinter den Kopf. Dabei ist der Hummerschwanz meist gerade/angespannt.

Oder der Hummer führt schlagende Schwimmbewegungen mit seinem Schwanz aus. Zeigt ein Tier diese Reaktion nicht, ist es höchstwahrscheinlich tot und muss entsorgt werden!

Ist er noch am Leben (kleine Bewegungen von Fühlern am Kopf), muss er schnellstmöglich von seinem Leiden erlöst werden (siehe Abschnitt Tötung, S. 129). Eine vernünftige Verwendung von schwachen Tieren ist das Auskochen der Karkassen zu Fond.

ALTERNATIVEN ZUR LEBENDHALTUNG

Die Alternative zur Lebendhaltung ist der HP-Hummer (HP = High Pressure, engl. „hoher Druck“).

Die Krebse werden direkt nach dem Fang in Kammern mit Druck von bis zu 6.000 bar getötet. Dabei löst sich das Muskelfleisch vom Panzer und es kann leicht, ohne Hitzezufuhr entnommen werden. Danach wird das Fleisch verpackt und eingefroren. Das HP-Verfahren wird auch bei Austern angewandt.

Der Vorteil für so gewonnenes Hummerfleisch ist zum einen die Transparenz des Produktes, denn die Menge des Fleisches ist klar erkennbar. Zudem ist die Handhabung deutlich einfacher!

Werden trotz der genannten Alternative lebende Hummer gehalten, so ist die behördliche Überwachung ziemlich sicher. Den Protest von Tierschutzorganisationen habe ich persönlich erlebt – bei den Haltungsbedingungen, die man im Handel vorrangig antrifft, kann ich ihn gut nachvollziehen.

Ein gültiges Merkblatt zu den Haltungsvorschriften für Hummer und die Regelungen zur Abgabe an den Endverbraucher finden Sie auf der Internetseite des Bayerischen Landesamts für Gesundheit und Lebensmittelsicherheit.

Link:
www.lgl.bayern.de/downloads/tiergesundheit/doc/merkblatt_hummerhaelterung.pdf

MUSCHELN

Im Folgenden gebe ich einen kleinen Überblick über das Standardsortiment von Muscheln.

Bei Miesmuscheln *(Mytilus edulis)* gibt es, nach meiner Erfahrung, für Kunden eine klare „Genuss-Grenze“: Man liebt sie oder ekelt sich davor. Und bei Austern ist diese Teilung der Geschmäcker noch intensiver ausgeprägt.

Muschelsortiment

Der fachkundige Umgang mit Muscheln ist aus Gründen des Tierschutzes wichtig, denn es handelt sich um lebende Weichtiere!

Muscheln sind in Deutschland zum größten Teil Saisonware (siehe Saisonkalender auf S. 110). Bei Miesmuscheln hat dies auch seine Berechtigung.

„Unsere“ Ware kommt aus der Nordsee. Sie vermehrt sich von April bis Juni und hat dann aufgrund der ausgeprägten Geschlechtsorgane weniger Muskelfleisch. Über den Sommer fressen die Muscheln und haben dann in den Monaten mit „r“ (September bis April) die beste Qualität.

Bei Mittelmeerware verhält es sich genau gegenteilig – zumindest was die Vermehrung betrifft: Diese Muscheln vermehren sich im Winter. Das ist auch der Grund, warum die Touristen im Sommer am Mittelmeer gerne *Cozze* (ital. für Miesmuscheln) essen. Sie hat dort im Sommer den größten Fleischanteil.

Austern sind das ganze Jahr über in guter Qualität erhältlich. Doch der Hauptabsatz findet zwischen Weihnachten und Sylvester statt.

KLEINE AUSTERN-KUNDE

Bei der bekannten „Fine de claire“ handelt es sich um die Pazifische Felsenauster *(Crassostrea gigas)*. Sie ist tropfenförmig und auf der Oberseite flach. Ihre Unterseite ist gewölbt.

Die Pazifische Felsenauster ist die „Standard-Auster“ – sie ist widerstandsfähig und wächst schnell.

Die Europäische Auster *(Ostrea edulis)* dagegen ist fast kreisrund und ihre Schalenhälften sind annähernd gleich gewölbt. Die bekannteste europäische Auster ist die „Belon“.

Austern-Sortierungen

- Die Pazifische Auster (Creuse) wird in den Größen 5 (klein) bis Größe 0 (sehr groß) angeboten.
- Die Europäische Auster (Platte) wird in den Größen 4 (klein) bis Größe 00 (sehr groß) angeboten.

Dabei eignen sich besonders die kleinen und großen Sortierungen zum Kochen und Backen. Die mittleren Größen 2 und 3 sind besser zum Schlürfen geeignet.

Pazifische Felsenauster

UMGANG MIT AUSTERN

Wie bei allen lebenden Muscheln ist es verboten, diese direkt auf Eis zu legen bzw. zu lagern. Die richtige Lagertemperatur liegt bei 2–7 °C.

Lebende Muscheln müssen in Schüsseln, Schalen oder Körben gelagert werden. Austern sind am besten in ihrer Holzspankiste aufgehoben. Dort liegen die Muscheln mit der tiefen Schale nach unten. Diese Schale enthält Wasser, von dem die Auster feucht gehalten wird.

Bleiben Austern länger offen und schließen sich nicht bei Berührung, müssen sie aussortiert werden. Ist eine Auster geschlossen, aber auffällig leicht, ist sie ebenfalls zu verwerfen.

Als allgemeiner Anhaltspunkt der Verkehrsfähigkeit dient das Abpackdatum. Bis mindestens eine Woche nach diesem Datum können Austern bei sachgerechter Lagerung verkauft werden.

Das Öffnen einer Auster erfolgt über das Scharnier oder an einer der Schalenseiten auf Höhe des Schließmuskels.

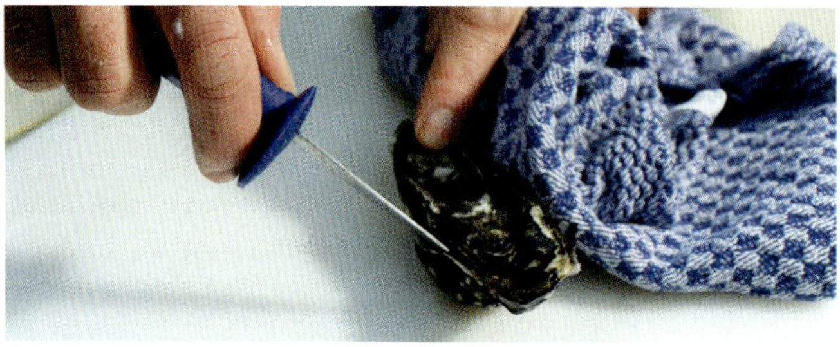

Einstechen auf Höhe des Schließmuskels an einer Schalenseite

Umrundung mit dem Austernmesser

Aufheben nach der Umrundung

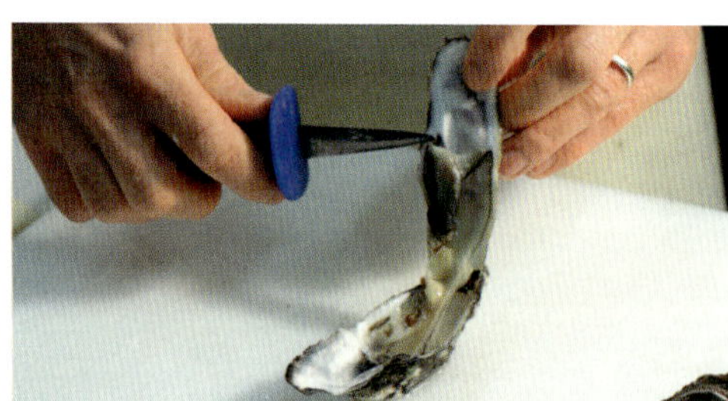

Lösen des Fleisches

Nach dem Lösen des Austernfleischs auf beiden Schalenseiten wird das erste Wasser ausgegossen, um Schalenreste auszuspülen. Das Wasser kann gesammelt und als Austern-Fond verwendet werden.

Nach einem kurzen Moment tritt durch das Entspannen des Muskels erneut Wasser aus, welches mit verzehrt wird.

Ist kein Austernmesser zur Hand, ist das Öffnen auch mit einem großen Schlitzschraubenzieher möglich.

Beim Verkauf können als Zusatzartikel Austernmesser, Tabasco, Noilly Prat, Schaumweine, hochwertiger Essig und die klassische Zitrone angeboten werden.

Praxis-Check
Umgang mit Austern

- Keine direkte Lagerung lebender Austern auf Eis!
- Stets mit der tiefen Schale nach unten lagern!
- Verkehrsfähigkeit bei sachgerechter Lagerung bis mindestens eine Woche nach Abpackdatum
- Ist kein Austernmesser zur Hand, ist das Öffnen mit einem großem Schlitzschraubenzieher möglich.
- Pro Person kalkuliert man 6 Austern (Creuse) bei Größensortierung Nr. 2

Weitere Möglichkeit zum Öffnen der Auster am Scharnier

Ansetzen des Austernmessers

Zwei Drittel der Messerklinge müssen zum Öffnen verschwunden sein.

Spankiste mit pazifischen Felsenaustern *(Crassostrea gigas)*

CONVENIENCE MACHT AUCH MIESMUSCHELN TRÄGE

Für Miesmuscheln hat sich eine Kunststoff-Tiefziehschale mit Schutzgasfüllung (MAP = Modified Atmosphere Packaging) als Endverbraucher-Packung etabliert.

Ungeputzte, lose Netzware, welche noch lang gewässert und von den Bysussfäden befreit werden muss, ist vor allem im Großhandel zu finden. Diese Ware ist vitaler und auch geschmacklich etwas besser. Vorausgesetzt, die Frische stimmt (geschlossen oder leicht offene, saubere Schale; Geruch nach Meer und Algen).

Muscheln in der oben genannten Kunststoffschale sind geputzt und unter Schutzgas (O_2, CO_2, N_2) verpackt. Beide Umstände mögen Muscheln nicht. Das Putzen und Entfernen der Bysussfäden sowie der niedrige pH-Wert in der Schutzgasfüllung macht die Muscheln träge. Die Folge ist, dass die Muscheln nach dem Öffnen der Packung kaum auf äußerliche Reize reagieren. So kann es passieren, dass gesundheitlich bedenkenlose Ware aufgrund ihrer Trägheit vom Kunden entsorgt wird. Unberechtigte Reklamationen können die Folge sein.

KUNDENTIPP

Muschel-Frische & -Zubereitung

Als Hauptmahlzeit rechnet man pro Erwachsenem 1 kg Muscheln (Einkaufsmenge). Zur Feststellung der Frische ist ein Klopfen jeder einzelnen Muschel zu zeitaufwändig.

Einfacher und genauso sicher ist folgende Methode:

- Weit offene und mechanisch zerstörte Exemplare aussortieren.
- Muscheln ca. 10 Minuten in kaltem Wasser wässern, um Stoffwechselprodukte auszuwaschen.
- Teppich-, Schwert oder Venusmuscheln werden vor der Zubereitung mind. 30 Minuten in 2,5 %iger Salzlake gewässert. Dadurch werden Stoffwechselprodukte und Sand noch einmal ausgeschwemmt.
- Muscheln im geschlossenen Topf in siedendem Sud (z. B. Weißwein) für ca. 5–8 Minuten stark erhitzen.
- Muscheln, die während des Erhitzens nicht aufgehen, werden anschließend verworfen. Ein Anteil von ca. 1 % je kg ist normal und kein Grund zur Reklamation.

WUSSTEN SIE'S?

Weibliche Muscheln haben rotes Fleisch, männliche Muscheln haben weißes Fleisch.

KAMMMUSCHEL *(PECTINIDAE)*

Die Bezeichnung Kammmuschel ist ein Oberbegriff für eine ganze Familie innerhalb der Muscheln.

Im Handel wird gerne mit verschiedenen Begrifflichkeiten für die kulinarisch sehr geschätzte Jakobsmuschel *(Pecten jacobaeus)* oder Pilgermuschel *(Pecten maximus)* jongliert.

Die beste Qualität (und damit auch den höchsten Preis) haben Jakobsmuscheln oder die eng verwandte Pilgermuschel aus Fanggebieten in Frankreich, England, Irland oder Norwegen. Ist der Preis für die Ware verdächtig günstig, achten Sie unbedingt auf den lateinischen Namen der Ware – er gibt Aufschluss darüber, was Sie wirklich bekommen! Günstige TK-Ware können kleinwüchsige Unterarten von Kammmuscheln sein.

Wird die komplette Jakobsmuschel gekauft, also Schalen, Muskelfleisch (Nuss), Innereien und der Rogen (Corail), können der Muskel und der Rogen verzehrt werden. Das Corail ist nur vor der Laichzeit in der Muschel und gibt Suppen und Soßen einen intensiven Geschmack.

Jakobsmuscheln

Der Begriff Scallop steht für eine sehr weitläufige Gattung innerhalb der Familie der Kammmuscheln. Die verschiedenen Scallops-Arten werden weltweit gefischt bzw. bewirtschaftet, beispielsweise in Japan, Neuseeland und den USA.

Sehr häufig wird gefrorene oder aufgetaute Ware angeboten. Sie ist wesentlich weicher und verliert beim Garen viel Gewebewasser, wodurch das Muschelfleisch schrumpft und ein wesentlicher Teil des Geschmacks schlichtweg ausläuft.

Premium-Importeure erhitzen die Muscheln zum Schälen für ein paar Sekunden auf 90 °C. Dadurch schließt sich die Oberfläche des Muschelfleisches und ein so genannter „drip loss“ (Tropfverlust) ist deutlich reduziert.[20]

20 Vgl. FischMagazin, Ausgabe 04/2019, S. 36.

KURZ UND SCHMERZLOS – BETÄUBUNG & TÖTUNG VON FISCHEREIERZEUGNISSEN

BETÄUBUNG

Das Betäuben bei Fischen (Rundfische) muss vor der Tötung der Fische erfolgen. Dies schreibt nicht nur der Gesetzgeber in der Tierschutz-Schlachtverordnung (TierSchlV) vor – es sollte selbstverständlich sein, das Leid der Tiere auf ein Minimum zu reduzieren.

Aus wirtschaftlicher Sicht kommt hinzu, dass jegliche Art von Stress vor und während der Betäubung die Qualität des Fischfleisches mindert!

Die Betäubung versetzt den Fisch in eine Phase des Wahrnehmungsverlustes. Zu erkennen ist dies am fehlenden Augendrehreflex und dem Ausbleiben von Kiemendeckel- bzw. Atembewegungen.

Das Betäuben erfolgt mittels Kopfschlag oder elektrisch bzw. einer Kombination daraus (BMEL).

Die Phase der Wahrnehmungslosigkeit muss bis zur Tötung anhalten!

Werden Salmoniden durch Strom gleich getötet, so können Gewebeblutungen in der Muskulatur auftreten. Vermeiden Sie derartige Qualitätseinbußen (siehe S. 89).

TÖTEN MIT DEM KIEMENRUNDSCHNITT

Das Töten der Fische muss unmittlbar nach der Betäubung erfolgen. In der Praxis hat sich dafür der Kiemenrundschnitt bewährt, der eine eindeutige Schnittführung entlang des Kiemenbogens vorgibt.

Bei Salmoniden hat der Kiemenrundschnitt zudem den Vorteil, dass der Schlund durchtrennt wird. Er lässt sich beim Schlachten dann deutlich leichter entfernen. Ausführlichere Informationen und Filmmaterial dazu bieten die Modell- und Demonstrationsvorhaben (MuD) des BMEL.

Link:
https://www.mud-tierschutz.de/gesamtvorhaben/videos/

Das Ausbluten passiert unmittelbar nach oder bereits während des Kiemenschnittes.

Der Blutentzug verbessert die Fleischqualität und ist, genau wie bei warmblütigen Nutztieren (z. B. Rind oder Schwein), obligatorisch für ein hochwertiges Produkt. Während des Ausblutens sollten die Fische in möglichst kaltem Wasser liegen. Der Vorgang dauert bei Salmoniden oder karpfenartigen Fischen ca. 2 Minuten.

Eine eindeutige Ausnahme bei der Betäubung und Tötung von Fischen betrifft die Gruppe der Plattfische. Diese dürfen dem Gesetz nach durch einen schnellen Schnitt, der die Kehle und die Wirbelsäule durchtrennt (TierSchlV), getötet werden.

Steinbutt aus Wildfängen

Den Herzstich zur Tötung halte ich in der Ausführung für nicht eindeutig. Gemeint ist das Ansetzen des Messers, um das Herz sicher zu treffen.

SPEZIFISCHE TÖTUNGSMETHODEN

Schwarmfische aus der Schleppnetzfischerei, wie Alaska-Seelachs, -Pollack, Kabeljau, Rotbarsch oder Hering, sterben durch Druck oder Ersticken. Eine Betäubung und eine tierschutzgemäße Tötung sind bei dieser Art des Fischfanges nicht möglich und auch nicht vorgeschrieben. Hier spricht man vom so genannten „Massenfang“. Dass die Fleisch qualität aus solchen Fängen nicht erstklassig sein kann, versteht sich von selbst.

Muscheln (ausgenommen sind Austern) und Schnecken müssen in über 100 °C heißem Dampf getötet werden (TierSchlV). Muscheln, welche nach dem Dämpfen/Kochen nicht geöffnet sind, waren bereits tot und müssen entsorgt werden.

KUNDENTIPP

Das Töten von lebenden Krebsen in der Küche

Verwenden Sie unbedingt einen ausreichend großen Topf oder Kessel. Der größte zu kochende Krebs muss ausreichend mit Wasser bedeckt sein. Bitte vor Beginn prüfen!

Der Krebs wird dann mit dem Rücken voran in das stark kochende Wasser gegeben. Pro 100 g Lebendgewicht rechnet man ca. 1 Minute Garzeit. Der Kochsud kann mit Dillkraut verfeinert werden oder bereits aus einer Court-Bouillon bestehen.

In Deutschland werden zunehmend neue Arten in der Aquakultur produziert, wie beispielsweise der Afrikanische Wels oder Warmwasser-Garnelen. Für diese Arten müssen teilweise erst neue Verfahren einer tierschutzgerechten Schlachtung erprobt werden, um für die Praxis Empfehlungen oder letztlich auch Verordnungen bereitzustellen.

In Deutschland sind zur Zeit ausschließlich folgende Verfahren zur Betäubung und Tötung erlaubt:

- Elektrische und/oder Schlagbetäubung; anschließend unmittelbares Töten durch Herz- oder Kiemenschnitt
- Wirbelsäulendurchtrennung und sofortiges Schlachten beim Aal

Der folgende Abschnitt gibt einen Überblick über gängige Betäubungs- und Tötungsmethoden, die im In- und Ausland praktiziert werden. Manche der Methoden werden auch im deutschen Handel beworben, wie das Kaltschlachtverfahren oder das durch die Medien immer bekannter werdende „Ike Jime“.

Beide Verfahren werden im Anschluss kurz vorgestellt, da auch von Seiten der Verbraucher zunehmend Fragen auftreten.

DAS KALTSCHLACHTVERFAHREN

Das Kaltschlachtverfahren wird überwiegend bei Zuchtlachs angewandt.

Der äußerliche Stress der Lachse wird bei diesem Schlachtverfahren reduziert, was sich positiv auf die Fleischqualität auswirkt.[21] Ebenfalls wird die Haltbarkeitsdauer, die Wasserbindung, das Einsetzen und das Lösen des Starre-Zustands positiv beeinflusst.

Die Fische schwimmen dazu in eine Art Schleuse, in der das Wasser auf fast 0 °C heruntergekühlt wird. Die Fische passen ihren Kreislauf an die Umgebungstemperatur an und fallen in eine Art „Kältestarre“. In diesem Zustand werden die Fische elektrisch oder per Kopfschlag (halbautomatische Anlage) betäubt und anschließend durch einen Kiemenschnitt getötet.

TÖTUNG DURCH EISWASSER ODER IN EIS

Hier werden die Fische abrupt in Eiswasser oder Eis geschüttet. Die Fische bekommen einen Kälteschock. Bis der Fisch in den Zustand der Wahrnehmungslosigkeit fällt, hängt von der jeweiligen Fischart und deren Kältetoleranz ab.

Der Tod der Fische erfolgt in der Praxis bei dieser Methode meist durch Ersticken durch das Ablaufen des Eiswassers. Zum Einsatz kommt dieses Verfahren bei Mittelmeerware (Dorade, Wolfsbarsch, Adlerfisch), Steinbutt und Afrikanischem Wels.

---

21 Verfahren zur Herstellung von rohen Fischprodukten, https://patents.google.com/patent/DE60112283T2/de, Zugriff am 21. 01. 2020.

Für die Fleischqualität ist die Tötung durch Eiswasser oder Eis wiederum positiv, was in der Praxis die Methoden rechtfertigt. Die Oxidation von Fetten im Fisch wird gebremst. So ist beispielsweise der Abbau von Fetten bei Doraden, welche durch Eiswasser getötet wurden, langsamer.[22]

Messbare Parameter auf Behandlungsstress im Blut wie Cortisol und Glukose sind ebenfalls herabgesetzt.[23]

DAS IKE-JIME-VERFAHREN

Die aus Japan stammende und auch vorrangig in diesem Kulturkreis praktizierte Tötungsmethode ist für dortige Sashimi-Ware Pflicht.

In Deutschland ist diese Art der Tötung nicht zugelassen.

Den Fischen wird dabei ein Dorn in das Gehirn getrieben. Dafür muss dem Anwender die Lage des Hirns der jeweiligen Fischart exakt bekannt sein! Anschließend erfolgt der Blutentzug durch das Öffnen der Schwanzvene. Bei Fischen, wie dem Thunfisch, wird diese Methode auch deshalb angewandt, weil diese Arten ihre Hirnfunktion zum Schwimmen nicht benötigen. Ist der Thunfisch durch den Dorn hirntot, wird der Schwanz abgetrennt und der Fisch pumpt durch den Herzschlag das Blut aus dem Körper. Werden die tierschutzrechlichen Vorgaben eingehalten (Betäubung und Tötung) und das Verfahren unmittelbar angewandt, so wird durch das schnelle Ausschalten der Nervenfunktion eine Übersäuerung des Muskelfleisches reduziert. Der Eintritt in die Toten-Starre erfolgt langsamer. Der Fisch ist dadurch länger frisch.

Fischereierzeugnisse, welche mit dem Ike-Jime-Verfahren getötet wurden, sind in der gehobenen Gastronomie in Europa zunehmend gefragt.

22 Veterinary Research Communication: Influence of Slaughtering Method on Some Aspects of Quality of Gilthead Seabream and Smoked Rainbow Trout, 2007.

23 Verfahren zur Herstellung von rohen Fischprodukten, https://patents.google.com/patent/DE60112283T2/de, Zugriff am 21. 01. 2020.

TÖTUNGSMETHODEN IM VERGLEICH

Betäubungs-/Tötungsmethode, Einfluss auf Tierwohl/ Fleischqualität	Fische/ Fischereierzeugnis	Produktionsmethode
Ersticken stark negativ/stark negativ	Kabeljau, Seelachs, Rotbarsch, Hering, Zander, Renke, Boniten, Exoten	Schleppnetz-, Hebenetz oder Ringwadenfischerei, Stellnetz-, Leinenfischerei
Temperaturschock durch Eiswasser/Eis Stark negativ/gering	Dorade, Wolfsbarsch, Wels, Steinbutt, Garnele	Aquakultur
CO_2-Narkose stark negativ/stark negativ	Forellenartige	Aquakultur
Köpfen sehr stark negativ/ keine Erkenntnisse	Aal	Angelfischerei
Einsatz von Anästhetika (z. B. Nelkenöl) sehr gering/sehr gering	Kaviar	Aquakultur
Schlagbetäubung gering/gering	Lachs, Forelle, Karpfen, Zander, Renke, Boniten, Exoten	Aquakultur, Stellnetz- und Reusenfischerei, Leinenfang
Ike Jime gering/gering	Thunfisch, z. B. für Sashimi	Ringwadenfischerei, Leinenfang
Elektrisches Betäuben & Töten sehr gering/gering	Forelle, Karpfen, Saibling	Aquakultur

Angewandte Betäubungs- und Tötungsverfahren nach Produktionsmethode.
Vergleich von Einfluss auf Tierwohl und Fleischqualität.

MARINADEN, GARBÄDER, REIFEBÄDER, BEIZEN & LAKEN

Das Reifen, Beizen und Marinieren sind jahrhundertalte Veredelungsmöglichkeiten. Ich kann mir nur wünschen, dass diese alte Tradition des Marinierens und Reifens in ihrer Anwendung nicht verlorengeht. Viele Großbetriebe dieser Industrie sind mit den handwerklichen Fähigkeiten und vor allem dem dazugehörigen Wissen nach Osteuropa abgewandert.

Definiert werden Marinaden, laut *Leitsatz für Fische, Krebse- und Weichtiere* und Erzeugnisse daraus, wie folgt:[24]

Marinaden sind Erzeugnisse aus Frischfischen, tiefgefrorenen Fischen oder Fischteilen, oder gesalzenen Fischen oder Fischteilen, die ohne Wärmeeinwirkung durch die Behandlung von Essig, Säuerungsmitteln und Salz, auch unter Zufügung sonstiger Zutaten, zum Würzen gar gemacht sind.

Sie sind mit oder ohne pflanzliche Beigaben in Aufgüssen, Soßen (Saucen, Tunken), Cremes, Mayonnaise, Mayonnaise-ähnlichen Zubereitungen oder Öl eingelegt, auch unter Verwendung zugelassener Konservierungsstoffe.

KURZ- UND LANGZEITMARINADEN IM VERGLEICH

Unter einer Kurzzeitmarinade versteht man beispielsweise eine klassische Grillmarinade. Es geht nur um den Geschmack, der davon in das Fischfleisch übergehen soll. Das Garen erfolgt dann durch Hitze, z. B. auf dem Grill.

Für die Zubereitung von Carpaccio oder Ceviche kommen ebenfalls Kurzzeitmarinaden zur Anwendung. Diese Marinaden weisen einen hohen Säureanteil, z. B. durch Fruchtsäuren von Zitrone oder Limette, auf. Ein „Durchgaren“ in der Marinade gelingt durch ein besonders dünnes Aufschneiden oder Kleinschneiden der Fischereierzeugnisse.

Für eine gewerbliche Zubereitung muss die Rohware für solche Zubereitungen vorher durchgefroren sein (siehe S. 38 „Schutz vor Parasiten“).

24 Leitsatz für Fische, Krebse- und Weichtiere und Erzeugnisse daraus, Stand November 2002, S. 22.

Möchte man ein länger haltbares Produkt oder Halbfabrikat, welches ohne Hitzezufuhr hergestellt wird, kommen Langzeitmarinaden oder so genannte Garbäder und Reifebäder zum Einsatz.

SÄURE UND SALZ – ZWEI GEGENSPIELER IN DER MARINADE

Essig- oder Fruchtsäuren greifen das Bindegewebe des Fleisches an und machen es weich (dieser Vorgang wird auch als *Kaltkochen* bezeichnet). Salz wiederum dringt in die Fleischzellen ein und löst sich im Gewebewasser auf, wobei dieses dann austritt.

Sicher haben Sie diesen Effekt schon beobachtet: Nach dem Salzen wässert das Fischfleisch innerhalb kurzer Zeit aus und es wird härter. Das Milieu in den Zellen wird dabei für die meisten Keime unwirtlich und das Fischereierzeugnis damit haltbar gemacht.

BEACHTEN SIE! Ausgewogenheit

Säure und Salz müssen in der Marinade gut ausgewogen sein:

Zu viel Säure macht die Rohware weich. Ein Effekt, der sich nicht ausgleichen oder abmildern lässt!

Zu viel Salz in der Marinade macht die Rohware zu hart und natürlich zu salzig. Durch Wässern kann zumindest der Salzgehalt verringert werden.

DAS GARBAD ODER KALTMARINADEN

Im Garbad einer Kaltmarinade erfolgt das Garen nicht, wie oben erwähnt, durch die Erhitzung in Wasser oder Öl, sondern nur durch Essig und Salz.

Anders als bei Koch- oder Bratmarinaden benötigen Kaltmarinaden dafür mehr Zeit und sind trotz der relativ großen Mengen an Essig und Salz nur begrenzt haltbar.

Dieses „Kaltkochen" geschieht durch einen Konzentrationsausgleich zwischen Garbad und Fisch. Abhängig vom Zustand des Fisches (gefroren oder frisch) geht etwa die Hälfte des Essigs und des Salzes der Marinade in den Fisch über.[25]

Fischfilets im Garbad

In der industriellen Produktion von Bismarkhering oder Rollmops werden dem Garbad Bleichmittel, wie Wasserstoffperoxid, zugegeben. Dadurch soll die Rohware ansprechend weiß werden. Ich bin der Meinung, dass dies bei der handwerklichen Herstellung zur Direktvermarktung aber nicht nötig ist.

25 Rudolf Baader, Der Fisch, Band IV, Im Verlag Rudolf Baader, 1950, S. 99.

Renkenrollmops, hausgemacht

In der Veredelung von besonders grätenreichen Weißfischen steckt Potential – in manchen Gewässern kommen Weißfische noch in großen, teilweise ungenutzten Beständen vor. Und diese Art von Veredelung ist für grätenreiche Fische leicht möglich, da der Essig die Gräten weich macht.

Kommen Weißfische in ein Garbad, empfehle ich, nur Filetware ohne Haut zu verwenden. Auch sollten sie möglichst tiefenenthäutet sein (siehe S. 88). In Bratfischmarinaden können sie mit oder ohne Kopf verwendet werden.

Schneiden Sie Filetgrößen über 200 g vor der Zugabe in das Garbad grundsätzlich in kleinere Happen. Dies stellt sicher, dass die Filetware durchgart.

Arbeitsempfehlung zum Garbad

- Das Garbad immer frisch herstellen.
- Keine Aluminiumgefäße verwenden (das Salz reagiert mit dem Aluminium)!
- Das Verhältnis von Fisch zu Garbad beträgt 1 : 1 (zum Beispiel: 1 kg Fischfilet : 1 Liter Garbad). Achten Sie darauf, das Garbad nicht durch schlecht abgetropfte Rohware zu verwässern.
- Die Rohware muss vom Garbad bedeckt werden und wird täglich umgerührt. So wird der Fisch gleichmäßig gegart.
- Der Säuregehalt des Essigs in der Lake sollte zwischen 6 und 8 % liegen.
- Das Reduzieren von Essigessenzen ist möglich. Die Verwendung von hochwertigem Essig (z. B. Weißweinessig) lohnt sich aber und wirkt sich positiv auf den Geschmack der Rohware aus.

ACHTUNG!

Brandweinessig färbt die Rohware bräunlich und sollte nur bei Bratfischmarinaden verwendet werden.

- Nach einer Garzeit von 2–4 Tagen bei 4–6 °C ist das Fischfleisch weißlich gegart und die Lake ist milchig gefärbt.
- Für die gewerbliche Herstellung sind die Hygienevorschriften für Lebensmittel tierischen Ursprungs zu beachten (siehe S. 38, Schutz vor Parasiten).
- Die gegarte Rohware muss zur Weiterverwendung gut abtropfen (Filethappen behutsam auspressen!)
- Die Weiterverarbeitung erfolgt wie beim Aufguss und/oder den Feinmarinaden im folgenden Abschnitt, siehe S. 136.

Garbad nach 3 Tagen mit milchiger Lake. Die Rohware ist vom Essig weiß gegart.

AUFGUSS UND FEINMARINADE – DER FEINE UNTERSCHIED

In der industriellen Produktion ist die Herstellung von Kaltmarinaden, Aufgüssen und Feinmarinaden aus hygienischen und arbeitswirtschaftlichen Gründen getrennt.

In der Herstellung für die Direktvermarktung oder für den privaten Verbrauch verwischen diese Unterschiede in den Rezepturen allerdings.

Der Unterschied einer Feinmarinade liegt in der Verwendung von Zucker, Süßstoff oder Honig und erlesenen Zutaten (z. B. Kräuter). Der Garprozess verläuft aber wie bei einer Kaltmarinade.

Aufguss

An dieser Stelle möchte ich auch den Begriff Aufguss in dem Zusammenhang der Feinmarinaden bzw. Marinaden generell klären: Ein Aufguss enthält eine Vielzahl an Zutaten oder ist eine eigene Rezeptur. Er soll angenehm schmecken und optisch ansprechend sein. Bei der Verwendung typischer Gewürze, wie Senfkörner, Lorbeerblatt oder Wacholderbeeren, empfehle ich die Benutzung eines Teeeis oder Teebeutels. Die Gewürze kleben dann nicht an der Rohware und können leichter entnommen werden.

Die Lebensmittelindustrie verwendet fertig zusammengestellte, im Aussehen ansprechende „Dekorgewürze“ und spricht vom „Verkaufsaufguss“.

Alle Saucen , wie beispielsweise Tomatensauce, Senfsauce, Bouillonsauce, oder auch die Feinmarinade werden gekocht beziehungsweise in heißem Wasser angesetzt. Der Geschmack entfaltet sich so besser und die Sauce bzw. Marinade ist damit länger haltbar.

Bei der Herstellung von Feinmarinaden für den Eigengebrauch oder in der Direktvermarktung kommen Rezepturen aus Kochbüchern und Eigenmischungen zur Anwendung. Die daraus entstandenen Produkte haben ggf. eine kürzere Haltbarkeit, aber Kunden in der Direktvermarktung tolerieren oder wünschen sich diese Eigenheit sogar.

Renke nach Bratherings-Art im hausgemachten Aufguss

BEACHTEN SIE! Abkühlen lassen

Lassen Sie die Marinade abkühlen, ehe Sie die Fischereierzeugnisse hineingeben!

Achten Sie darauf, dass der Essig- und der Salzgehalt nach der Zugabe von weiteren Zutaten oder Würz- und Geschmacksstoffen nicht zu gering ist! Um die Haltbarkeit zu gewährleisten, muss der Essiggehalt 0,5–1 % und der Salzgehalt 4 % betragen.

Alle Fischteile, die später in Mayonnaise, Remoulade oder Soße gelegt werden, sollten über Nacht in schwachem, gesüßtem Essig liegen, bevor sie in die eigentliche Soße eingelegt werden. Der Essig besteht dabei aus 1 % Essig, 3 % Salz und 10 % Zucker.[26]

Praxis-Check
Produktspezifikation/-pass

Erstellen Sie für jedes selbst verarbeitete Produkt (z. B. Marinaden, Salate, Convenience-Produkt) eine Produktspezifikation.

Diese beinhaltet genaue Angaben zum Produkt, wie beispielsweise Allergene, Lagerung, Nährwerte, Produktbezeichnung, Zutaten.

Die Spezifikation dient der Qualitätssicherung und der allgemeinen Information für Mitarbeiter und Kunden. Aufzubewahren ist die Spezifikation am Ort der Herstellung und am Verkaufsort (POS – point of sale).

ANCHOSEN

Eine Anchose definiert sich laut Leitsatz für Fische, Krebse- und Weichtiere sowie Erzeugnisse daraus wie folgt:

Anchosen sind Erzeugnisse aus frischen oder tiefgefrorenen Sprotten, Heringen oder anderen Fischen, die unter Verwendung von Zucker, auch Erzeugnissen der Stärkeverzuckerung, und in Kochsalz, auch mit Gewürzen, auch mit Salpeter biologisch gereift, auch sonst auf verschiedene Weise schmackhaft, z. B. süß-sauer, zubereitet sind.

Sie sind mit Aufgüssen, Soßen (Sauce, Tunken), Cremes oder Öl, auch mit pflanzlichen Zutaten, versehen, auch unter Verwendung von Konservierungsstoffen und Gluconodeltalacton.[27]

Wird für die Reifung Zucker verwendet, spricht man von einer Anchose. Eines der bekanntesten Erzeugnisse sind die im typischen Aufguss eingelegten Anchovis. Sie unterscheiden sich zwischen den häufig verwendeten Sardellen *(Engraulis encrasicolus)* oder der Sprotte *(Sprattus sprattus)*. Die echten Anchovis aus gesalzenen Sardellen werden bis zu zwei Jahren in Holzfässern gereift. Die Reifung aus Sprotten benötigt dagegen nur ca. drei Monate.[28]

---

26 Rudolf Baader, Der Fisch, Band IV, Im Verlag Rudolf Baader, 1950, S. 105–107.
27 Leitsatz für Fische, Krebse- und Weichtiere und Erzeugnisse daraus, Stand November 2002, S. 20.
28 Teubner Fische und Meeresfrüchte, S. 122.

Der geschmackliche Unterschied dieser beiden Produkte ist deutlich!

In Deutschland werden die Sprotten oder Sardellen kräutergesalzen, die Filets von Sprotten kommen als „Appetitsild“ in den Handel. Auch wenn diese Art des Reifens etwas abstrakt erscheint: Die Fischfeinkost bietet davon eine Vielzahl an gängigen Produkte.

Das Beizen von Fischfilets ist ebenfalls eine Anchose, genau wie auch Reife-Präparate auf Zuckerbasis (siehe folgender Abschnitt: Das Reifebad).

Bezeichnung	Verwendete Rohware
Anchovis, Appetitsild	Sardellenfilet, Sprottenfilet
Kronsild/Kronsardinen	Kleiner, entgräteter Hering (aoK)
Gabelbissen	Heringfilet (o. H.)
Matjesfilet nach schwedischer oder auf nordischer Art, Forelle-, Saibling-, Renke nach Matjesart	Heringsfilet mit mind. 12 % im verzehrbaren Anteil; Forelle-, Renke-, Saiblingsfilet jeweils enzymatisch gereift
Heringsfilet, nach Matjesart gesalzen	Heringsfilet mit mind. 10 % im verzehrbaren Anteil
Graved	z. B. Lachs-, Forellen-, Renken-, Saiblingsfilet

Quelle: Leitsatz für Fische, Krebse- und Weichtiere und Erzeugnisse, daraus Auswahl gängiger Anchosen

DAS REIFEBAD

Im Reifebad (auch ein „Kaltkochverfahen“) kommen natürliche oder synthetische Enzyme zur Anwendung.

Bis auf die Wirkungsweise gibt es viele Parallelen zum Garbad: Die verwendeten Enzyme reifen das Muskelfleisch und denaturieren das Eiweiß. Das Muskelfleisch wird dadurch zart. Die Gräten verlieren durch die Enzymwirkung zwar ihre harte Struktur, bleiben aber optisch sichtbar.

Die Enzyme für Reifebäder werden synthetisch gewonnen und als Reifeintensor oder Matjes-Reifer angeboten. Sie enthalten u. a. Zucker, Geschmacksverstärker und Säuerungsmittel.

Dazu sind so genannte funktionelle Präparate erhältlich, welche die Rohware stabilisieren und konservieren.

Bei der Herstellung eigener Reifeprodukte nach Matjes-Art erfährt also eine naturnah erzeugte Rohware (Filetware) durch die Verwendung synthetisch gewonnener Reife-Präparate eine chemische Verarbeitung.

Sollen hausgemachte Reifeprodukte für wenige Wochen konserviert werden, können diese eingefroren oder in neutrales Speiseöl gelegt werden.

Für die direkte Vermarktung mit kurzer Lagerzeit sind die oben genannten funktionellen Präparate nötig.

Natürliche „Fleischreifer“ kommen in Früchten, wie Kiwi, Ananas oder Papaya, vor. Nach meinem Kenntnisstand findet das darin befindliche Enzym Papain in seiner natürlichen Form keine Anwendung in der fischverarbeitenden Industrie.

Eine natürliche enzymatische Reifung ist im Übrigen auch nur bei heringsartigen Fischen *(Clupeiformes)* leicht möglich. Das bekannteste natürlich enzymatisch gereifte Fischereierzeugnis ist der echte Matjes. Ein absolut hervorragendes Produkt!

Matjesfilets

Für einen echten Matjes wird fetter Hering (Fettgehalt mind. 12 % im essbaren Teil) ohne erkennbaren Ansatz von Gonaden bei ca. 6 %. mild gesalzen. Das Salz dient der reinen Geschmacksgebung.

Der mildgesalzene Hering kommt für einige Tage in Fässer, um zu reifen. Damit der Reifeprozess rasch beginnt, wird der Hering entweder genobbt (ohne Kopf, teilweise ausgenommen) oder unterhalb des Kopfes gekehlt (mit Kopf, teilweise ausgenommen). Der Bauchraum der Fische wird dabei mit geöffnet, damit die natürlichen Enzyme der Bauchspeicheldrüse den Fisch reifen.

Arbeitsempfehlung zum Reifebad

- Reifebäder immer frisch herstellen.
- Keine Aluminiumgefäße verwenden (das Salz reagiert mit dem Aluminium).
- Das Verhältnis von Fisch zu Reifebad beträgt 1 : 1 (zum Beispiel: 1 kg Fischfilet : 1 Liter Reifebad). Achten Sie (wie beim Garbad) darauf, das Reifebad nicht durch schlecht abgetropfte Rohware zu verwässern
- Die optimale Reifetemperatur liegt für die ersten 24–36 Stunden bei 5–7 °C, um den Enzymen die nötige Starttemperatur zu geben.
- Das Fischfleisch ist durchgegart, wenn die Rohware im Kern weißlich umgefärbt (Anschnittprobe) und die Lake milchig ist.
- Filets benötigen 3–5 Tage im Reifebad. Filets über 200 g, besonders von grätenreichen Fischen, werden in kleinere Happen geschnitten. Ganze Fische benötigen entsprechend länger.
- Für die gewerbliche Herstellung sind die Hygienevorschriften für Lebensmittel tierischen Ursprungs zu beachten (siehe S. 38, Schutz vor Parasiten).
- Die Rohware muss vom Reifebad bedeckt sein und täglich umgerührt werden, damit ein gleichmäßiges Reifen stattfindet.
- Ein höherer Fettgehalt der Rohware ergibt einen vollmundigen Geschmack der gereiften Ware
- Gereifte Rohware quillt auf: Aus 15 kg Filets werden ca. 17 kg gereifte Rohware
- Gereifte Rohware muss gut abtropfen und kann im Anschluss vakuumiert und ggf. eingefroren werden. Bedeckt mit neutralem Speiseöl, kann sie im Kühlschrank über mehrere Wochen aufbewahrt werden.

Praxis-Check
Verfeinern von Reifeerzeugnissen

Fertiggereifte Fischereierzeugnisse nach Matjes-Art, welche zum Zeitpunkt der Reifung einen geringen Fettanteil aufweisen, bekommen einen wesentlich vollmundigeren Geschmack, wenn sie mindestens zwei Tage in neutralem Speiseöl kühl nachreifen können.

Die Zugabe von ein wenig Zwiebel und/oder geschrotetem Pfeffer verfeinert den Geschmack zusätzlich.

WELCHES SALZ FÜR WELCHES ERZEUGNIS?

Es kommt immer darauf an, welches Produkt oder Erzeugnis hergestellt werden soll.

Vermeiden Sie für die Rohwarenherstellung in jedem Fall Zusätze, wie Jod, Fluorid und/oder Folsäure. Ein mit Jod angereichertes Salz beispielsweise hinterlässt einen leichten, weißen Schleier auf rotfleischigen Fischfilets. Ob das Salz für die Anwendung aus Berg oder Meer gewonnen wird, ist Geschmackssache, wobei Steinsalz weniger durch Umwelteinflüsse belastet ist.

Die Verwendung von Nitritpökelsalz bei Fisch ist in jedem Fall verboten – sie täuscht durch die Umfärbung Frische vor!

Welche Korngröße wird verwendet?

Die Frage der Korngröße, also ob grob-, mittel- oder feingekörntes Salz verwendet werden soll, entscheidet die Anwendung: Bei der Trocken-Salzung kommt grobes und mittelgekörntes, bei der Nass-Salzung fein gekörntes Salz zur Anwendung.

Grobe und feine Salzkörnung

Der Grund: Salz wird durch Verdunstung gewonnen und steht physikalisch unter Spannung. Die Salzkristalle mussten sich immer enger zusammendrängen, bis der Stoff entstehen konnte, den wir Salz nennen. Haben nun die Salzkristalle die Chance, sich wieder aufzulösen, werden sie das so schnell wie möglich tun.

Wird das Lachsfilet beim Beizen also mit feinem Salz bestreut, dringt das Salz rasch in die obersten Gewebezellen ein. Diese Zellen dehnen sich schnell aus, verhärten und verhindern so den weiteren Konzentrationsaustausch von Salzlösung in tieferliegende Zellen.

„Salz bei der Arbeit“ – Trockensalzung

Anders ist der Vorgang beim Trockensalzen, bei dem grobes Salz verwendet wird. Es hat viel mehr Zeit in tiefere Zellen vorzudringen und der Konzentrationsaustausch geschieht langsamer. Der Fisch ist dadurch viel gleichmäßiger gesalzen und vor Verderb besser geschützt.[29]

29 Rudolf Baader, Der Fisch, Band IV, Im Verlag Rudolf Baader, 1950, S. 64–65.

Salzung	Salz im Gewebewasser	Beschaffenheit nach Lagerung und Reifung	Veredelung
Hart	26–24 %	Halbfabrikat, salzgar, gereift	Vollhering, Fetthering, Yhlenhering, Lachsersatz, Anchovis
Mittel	24–20 %	Halbfabrikat, salzgar, gereift, evtl. mit Zusätzen (süß, gekräutert)	Appetitsild, Kräuterhering
Mild	20–6 %	Halbfabrikat, gereift, evtl. mit Zusätzen (süß, gekräutert)	Graved, Matjes, milder Vollhering

Salzungsarten bei Fischereierzeugnissen

DIE SALZGARE

Bei den oben genannten Behandlungen mit Salz und Essig wird im Gewebswasser des Fischfleisches ein lebensfeindliches Milieu für die meisten Mikroorganismen und Nematoden geschaffen. Gleiches geschieht, wenn ein Fischereierzeugnis als „salzgar" beschrieben wird.

Die Salzgare wird erreicht, wenn das Eiweiß durch das Salz denaturiert (gegart) ist. Dem Produkt wird durch Osmose Wasser entzogen; durch das Fehlen von Wasser in der Zelle und dem salzigen Milieu finden Parasiten und viele Keime ebenfalls keine lebensfreundlichen Bedingungen im Fischfleisch vor.

Eine für die Praxis verlässliche Salzgare erhalten Sie mit folgendem Verfahren:

- Lake mit einem Salzgehalt von 20 % herstellen.
- Mindestlagerdauer der Rohware in der Lake: 12 Stunden.
- Rohware anschließend ca. 3 Stunden wässern.
- Rohware ohne Lake in der Kühlung für einige Zeit entspannen lassen.[30]

KUNDENTIPP

Waschen & Salzen von Fischfilets

Ich empfehle ein einmaliges gründliches Abwaschen mit kaltem Wasser vor der eigentlichen Zubereitung.

Salzen? Ja – je nach Zubereitungs- bzw. Veredelungsart in der entsprechenden Korngröße (siehe S. 141).

Das Säuern ist, wie das Salzen, abhängig von der Zubereitung. Für den normal gebratenen Fisch gilt es wie beim Schnitzel – Säuern je nach Belieben beim Verzehr.

30 Jahn-Rehbronn-Rutkowski, Das Räuchern von Fischen, 5. Auflage, Paul Parey Verlag, S. 73–74.

„DARF'S NOCH MEHR SEIN?" – VIELFALT & KOMPETENZ AN DER FISCHTHEKE

Eine ansprechende Fischtheke mit qualitativ einwandfreier Ware in einer ordentlichen und hygienischen Umgebung muss für einen erfolgreichen Verkauf selbstverständlich sein.

Für den Aufbau einer Fischtheke gelten die gleichen Grundsätze wie bei anderen Warengruppen: Mit etwas Kreativität, wie der Legeweise von Filets, dem Nutzen von Farbkontrasten und natürlich einer steten Warenpflege durch richtige Lagerung sind Sie auf dem richtigen Weg.

So zumindest die Wunschvorstellung.

Schöne Auswahl

DIE REALITÄT SIEHT – LEIDER – ANDERS AUS

Oft befindet sich die Fischtheke am Ende der Kundenlaufrichtung und wird vom (meist unterbesetzten) Verkaufspersonal dadurch vernachlässigt.

Alleine für das Warensegment „Fisch" eine Arbeitskraft im Lebensmitteleinzelhandel (LEH) einzustellen, ist kaum möglich, da die Umsätze dafür fehlen und die verantwortlichen Mitarbeiter gezwungenermaßen einen Spagat zwischen Warenpräsenz und Abschriften-Vermeidung machen.

Die Teillösung für die Thekenpräsenz sind dann meist Azubis oder neue Mitarbeiter, die während der Einarbeitungszeit gerne auf den Fischposten „geschoben" werden. Und geschlossen wird dieser Teufelskreis dann noch durch fehlendes Fachwissen.

Zugegeben: In einigen Gegenden von Deutschland bekommt Fisch nicht von allein einen Platz auf dem Einkaufszettel. Um eine Fischtheke fernab von der Küste wirtschaftlich zu betreiben, bedarf es des richtigen, auf den Standort zugeschnittenen Konzepts.

Im LEH kann beispielsweise eine Kombination aus Verkauf und Bistro wunderbar funktionieren. Wiederkehrende Kundenaktionen, wie Kochabende, schaffen ein positives Bewusstsein für Fisch.

Oder nehmen Sie das Beispiel „Mobiler Verkaufswagen": Oft auf dem Kundenparkplatz zu finden, beweist er, dass Fisch funktionieren kann. Dort stehen meist die Wagenbesitzer selbst hinter der Theke und verkaufen aktiv und authentisch.

Fisch kann also durch gutes Management die Kundenfrequenz steigern und auch dem Verkaufspersonal Freude machen. Denn wenn man über seine Ware Bescheid weiß, machen die Beratung und der professionelle Verkauf Spaß!

THEKENBAUGRUNDSÄTZE

- Ware nach hinten ansteigen lassen, ggf. mit Kisten unterbauen (Styropor-Räucherwaren-Kiste). Dabei auf die Kühltemperatur achten!
- Große Thekenfläche und wenig Ware? Die Ware mittig ordentlich präsentieren und die Thekenränder nur mit Eis bedecken.
- Angebotsware nicht zentral platzieren.
- Spezialitäten und Saisonware werden mittig aufgebaut.
- Farbkontraste nutzen, unterschiedliche „Schwimmrichtungen" bei ganzen Fischen legen.
- Offene Bäuche und Anschnitte so legen, dass sie nicht zum Kunden hin sichtbar liegen.
- Filets mit dem Spiegel nach oben und dem fleischigen Rücken zum Kunden legen.

- Dünne Bauchlappen oder fransige Filetanschnitte mit Ware überdecken.
- Fischfilets können ansprechend in Form von „Zöpfen" gelegt oder teilweise gerollt werden.
- Einzelne Köpfe nicht aufrecht präsentieren (Lachskopf); ggf. mit geschnittenen Lachssteaks als Fisch wieder optisch „zusammensetzen".
- Obst und Gemüse als Teil der Auslage ist nicht erlaubt und auch nicht nötig. Die Ware soll für sich sprechen, alternativ kann Seetang bestellt werden.
- Bitte verzichten Sie auf Imitate von Obst und Gemüse in der Theke – sie sind zwar erlaubt, aus meiner Sicht aber hygienisch bedenklich und optisch veraltet.
- Räucherware nie direkt auf Eis legen – sondern separat ohne Eis oder auf Schalen oder Gitter präsentieren (am besten statische bzw. stille Kühlung).
- Feinkostsalate mind. einmal täglich in neue Gefäße füllen und Randbildung durch Umrühren vermeiden (am besten statische bzw. stille Kühlung).
- Preisschilder sauber halten und mit den geforderten Informationen versehen: Handelsbezeichnung, lateinischer Name, Produktionsmethode, Preis/100 g oder je kg, ggf. Auftauhinweis.
- Mindestens 2 x täglich vor die Verkaufstheke treten und die Präsentation der Ware aus Kundensicht betrachten!

BESONDERHEITEN VON KÜHLTHEKEN

Umluftkühlung

Die Umluftkühlung ist eine häufig verwendete Technik, die sich für Frischfisch im Eisbett gut eignet. Räucherware trocknet hingegen schnell aus.

Achten Sie darauf, dass die Ware nicht zu hoch präsentiert wird und nicht direkt auf dem Eisbett liegt! Sonst vereisen die Gitter der Umluft.

Zudem wird bei zu hohem Präsentieren der Kühlschleier unterbrochen. Die Kälte und der Geruch verlieren sich in der Verkaufsumgebung.

Statische bzw. stille Kühlung

Hier wird die Ware von unten, ohne Kühlschleier gekühlt. Für Räucherware und Feinkost gut geeignet, Eis ist dann nicht notwendig. Für Frischfisch nur für kleine Mengen geeignet, die flach präsentiert werden.

Französische Theke

Sie wird nur mit Eis als Kühlmittel betrieben und die Thekenware bleibt im Eis lange feucht und glänzend. Allerdings werden dafür entsprechend große Mengen an Eis benötigt und der Aufwand zur Warenpflege ist hoch.

Aerosolen-Kaltnebel

Eine Neuerung im Thekenbau ist der Einsatz von Aerosolen. Dieser Kaltnebel stellt ein Gleichgewicht zwischen Umgebungs- und Produktfeuchte her und verringert dadurch zum großen Teil das Austrocknen der Thekenware. Die Optik der Ware bleibt lange ansprechend.

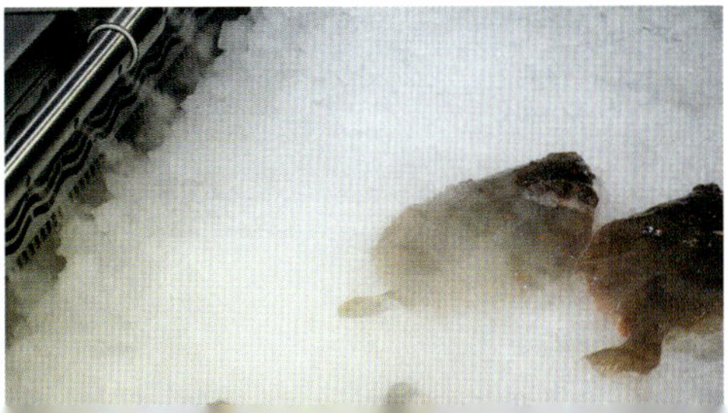

„Eyecatcher"

Die Verwendung großer Einzelfische als so genannte „Eyecatcher" (Blickfang) ist im Fischhandel geläufig.

Die Verwendung von exotischen Fischen zu diesem Zweck ist aber nicht mehr zeitgemäß. Das steigende Umweltbewusstsein und der damit verbundene Artenschutz ist bei vielen Kunden (besonders bei der jüngeren Käufergruppe) ein Einkaufskriterium oder sogar imagebildend.

Neben der aktiven Ablehnung aus Gründen der Nachhaltigkeit gibt es weitere kritische Punkte bei exotischen Fischen. Wird die Zubereitung von Fisch generell schon als kompliziert(er) eingeschätzt, werden sich die wenigsten Kunden an echte Exoten heranwagen wollen. Hinzu kommt, dass die Frische der Ware oft nicht an das Niveau klassischer Konsumware heranreichen kann.

Und nicht zuletzt: Erstklassige Ware hat ihren Preis. So kann es bei Schaufischen dazu führen, dass sie unter Preis angeboten werden oder letztendlich abgeschrieben werden müssen!

Warum also in die Ferne schweifen, wenn das Gute (mal wieder) so nah schwimmt? Fische aus den heimischen bzw. gängigen Fanggebieten oder der Aquakultur eignen sich wunderbar als Schaufisch.

Übersicht vertretbarer, relativ günstiger Schaufische bzw. Eyecatcher:

- Rotbarsch
- Knurrhahn
- Gelbschwanzmakrele (Zuchtware)
- Steinbutt
- Weißer Heilbutt
- Meeräsche
- Seeteufel
- Petersfisch
- Europäischer Wels
- Hecht
- Zander
- Amurkarpfen
- Stör

Seeteufel/Lotte im Eisbett

TIPPS FÜR DIE VERKAUFSTHEKE

Diese Fischereierzeugnisse benötigen eine Sonderbehandlung:

- Behandeln Sie Thunfischfilet oder -loins wie einen Laib Käse: Straff in Frischhaltefolie eingeschlagen, ist dieser vor Feuchtigkeit geschützt. Für den Kunden wird der Thunfisch ausgepackt, nach Wunsch portioniert und wieder straff eingeschlagen.
- Eine andere Präsentationsmöglichkeit für Thunfisch- oder auch Schwertfischfilets ist das Vorportionieren in vakuumierten Beuteln. Nicht nur ist es die beste Möglichkeit, diese gegenüber Eis sehr sensiblen Filets zu schützen. Das Vorportionieren regt den Abverkauf an: Hier kann der Kunde einfach zugreifen oder dem Verkaufspersonal die gewünschte Portion zeigen.
- Rotfleischige Fischfilets müssen vor Eis geschützt werden! Das Eis zieht die Farbe aus dem Muskelfleisch. Um dies zu vermeiden, legen Sie die Filets auf flache Schalen oder Platten, sodass von unten kein direkter Kontakt mit Eis besteht. An frequenzschwachen Zeiten kann zudem eine schützende Folie auf dem Fischfilet vor Ausfärbung helfen.
- Stark schleimende Ware, wie Saibling oder Karpfen, sollten ebenso vor großflächigen Kontakt mit Eis geschützt werden. Die Ware darf in Eis gelegt, aber nicht mit Eis bedeckt sein. Die natürliche Schleimhaut schütz vor Austrocknung und Keimen. Nach 1–2 Tagen verliert sich die schützende Schleimschicht und die Fische sollten, wie alle, in Eis präsentiert oder (am besten) verkauft sein.
- Bei Sardellen oder Sardinen platzt der Bauch durch die Lagerung auf Eis auf. Diese Fische sollten sorgsam in Schalen (Edelstahl) auf Eis gelegt werden.
- Lebende Muscheln dürfen nicht direkt auf dem Eis liegen (siehe S. 34, 123).

„IST DER AUCH FRISCH ...?" – KUNDENGRUPPEN AN DER FISCHTHEKE

Schöne Theke mit Süßwasserfischen

Kunden an der Fischtheke teilen sich recht zuverlässig in 3–4 Gruppen:

- Der Tiefkühlkunde,
- der Forellenkunde,
- der Doradenkunde und
- der Bio-Kunde.

Was verbirgt sich hinter diesen Käufertypen und warum ist es wichtig ist, sie individuell zu bedienen?

DER TIEFKÜHLKUNDE

Er kauft seine Fischprodukte, wie die Bezeichnung schon verrät, überwiegend im TK-Bereich.

Gibt es Angebote, kommt der Tiefkühlkunde vielleicht an die Fischtheke, kauft dort aber auch ausschließlich die entsprechend beworbenen Angebote ein. Eine Beratung für etwas höherpreisige Ware ist schwierig bzw. kann zur Abneigung führen.

Verkostungen bringen beim Tiefkühlkunden auch nicht viel: Wie bei der Beratung sieht er sich gezwungen, als Gegenleistung auch zu kaufen, und fühlt sich unangenehm bedrängt.

Sind vom Angebot ausreichende Mengen da, kann man den Tiefkühlkunden dazu motivieren, sich mit der Angebotsware zu bevorraten – vorausgesetzt, der Kunde verpackt die Ware zum Einfrieren selbst.

Das Vakuumieren als Serviceleistung steht hier nicht im Verhältnis.

DER FORELLENKUNDE

Die Forelle gilt als bodenständiges Produkt mit einem guten Preis-Leistungsverhältnis: Der Fleischanteil im Verhältnis zum unverwertbarem Teil der Forelle liegt bei ca. ⅔ zu ⅓.

Der Forellenkunde isst gern regelmäßig Fisch – hier werden solide Mahlzeiten bestritten, nicht exklusive Dinner!

Diese Kundengruppe ist wichtig für die Deckung der Kosten (Stammkundschaft) und zur Belebung der Theke. Der Verkauf lebt von einem Großteil dieser Käuferschicht, da Ware regelmäßig verkauft wird und die Frische dadurch gewährleistet bleibt.

Diesen Kunden gilt es, zu pflegen und auf Augenhöhe persönlich anzusprechen: Bieten Sie dem Forellenkunden nur ähnliche Ware mit entsprechender Ausbeute und in guter Qualität an – keine Experimente (außer zu den Feiertagen), keine Exoten, nichts, was „weg muss“!

Kaufempfehlungen und Alternativprodukte könnten sein: alle Forellenartigen.

DER DORADENKUNDE

Diese Kundengruppe ist bedeutend für den Gewinn, für die Imagebildung und für ein vielfältiges Sortiment.

Den Doradenkunden gilt es, dort abzuholen, wo er ist. Manch einer weiß dank Kochsendung und Fischkochkurs mehr über Fisch als Sie ... Bleiben Sie gelassen und nutzen Sie das Potential.

Lieber etwas Hochwertigeres anbieten, als etwas Gewöhnliches – die Dorade steht immer noch für etwas Besonderes und Kunden kaufen mit diesem Fisch ein Lebensgefühl: Leichte mediterane Küche, Grillen mit guten Freunden, ein Gläschen Wein ...

Kaufempfehlungen und Alternativprodukte könnten sein: Wildfangware, Thunfisch, Exoten oder Trends wie Cobia und Gelbschwanzmakrele, Qualitäten für Sashimi und Ceviche, Loins, Meeresfrüchte.

Der Bereich Cross-Selling sollte beim Doradenkunden auch angewandt werden.

Also den entsprechenden Wein zum Fisch, hochwertige Gewürze oder exotische Gemüsesorten etc. anbieten (siehe S. 109).

DER BIO-KUNDE (EINE SELTENE SPEZIES)

Wie auf Seite 93 schon beschrieben, hat sich die Bio-Ware beim Verbraucher bisher kaum durchgesetzt. So sind diese bewussten Verbraucher leider eher selten.

Zwischen den bio-affinen Kunden kann auch polemisch zwischen den Egoisten und den „Weltrettern“ unterschieden werden: Der Egoist kauft ein biologisch erzeugtes Produkt für sich, um sich etwas Besonderes zu leisten oder um seinen Körper gut zu ernähren.

Nachhaltige Fangmethoden beispielsweise sind für diesen Kundentyp kein Verkaufsargument.

Ganz im Gegensatz zum Bio-Kundentyp „Weltverbesserer“, der biologisch zertifizierten Fisch aus eben genau diesem Grund kauft. Leider sind viele Verbraucher fehlinformiert und kaufen z. B. nur Fische aus Wildfang, während sie Aquakulturerzeugnisse von vornherein ablehnen. Hier wird nach striktem Schwarz-Weiß-Schema gekauft – obwohl es für beide Herkunftsarten sowohl umweltschädliche als auch nachhaltige Produkte gibt.

Denken Sie nur an eine Scholle aus Baumkurrenfischerei mit ihren äußerst negativen Auswirkungen auf den Lebensraum der Fische: Wildfang, ja, aber ökologisch sinnvoll? Dem gegenüber steht der Karpfen aus extensiver Teichwirtschaft, mit fischmehlfreier Fütterung und dem Erhalt einer ökologisch wertvollen Kulturlandschaft. Wer würde hier von ausbeuterischer Aquakultur sprechen?

Erfahrungsgemäß ist die Absicht vor dem Kauf groß, der Preis für Bio-Produkte ist es aber auch. Und so schwenken viele Kunden beim Blick auf das Preisschild auf die günstigere, konventionelle Ware um. Hier helfen sachliche Argumente – vermutlich aber nur beim Bio-Kundentyp „Weltverbesserer“.

ABGABE AN DEN KUNDEN

Ist der Einkauf für den Kunden abgeschlossen, muss die Ware ordentlich, sauber und transportsicher verpackt werden. Häufig fragt der Kunde an dieser Stelle nach der Lagerdauer im Kühlschrank.

Die Lagerdauer von Fisch oder Meeresfrüchten hängt natürlich stark von der Frische der Ware ab und wie sie bis zur Zubereitung im Haushaltskühlschrank gelagert wird. Bei der Aufbewahrung im Kühlschrank gelten grundsätzlich dieselben Lagerkriterien wie in der Kühlung beim Händler/Produzenten.

Beachten Sie daher, dass ein Haushaltskühlschrank eine verhältnismäßig hohe Temperatur von 5–8 °C hat!

In jedem Fall muss die Ware also im kältesten Fach des Kühlschranks gelagert werden – in der Regel also auf der Glasplatte des Obst- und Gemüsefaches. Moderne Kühlschränke haben auch eine so genannte „0 °C-Zone“.

MEINE EMPFEHLUNG

Wird die Ware am gleichen Tag zubereitet, kann sie in der Transportverpackung bleiben.

Ansonsten Filets flach nebeneinander auf ein Abtropfsieb umpacken. Ganze Fische werden mit dem Bauch nach unten auf ein Abtropfsieb gelegt. Mit Frischhaltefolie oder Deckel den Behälter schließen.

Es mag für den Kunden verlockend (weil einfach) sein, seinen Fischeinkauf in der Umverpackung zu lassen.

Die im Handel oft benutzten Aluflexbeutel oder die Siegelverpackung sind zwar eine sichere Transportverpackung für kleinere bis mittlere Mengen. Bleibt die Ware aber für mehrere Stunden oder gar Tage in diesem Beutel, können Reklamationen die Folge sein. Das schmelzende Eis, Kondensat und Gewebswasser, verbunden mit der höheren Temperatur im Kühlschrank, beschleunigen den Verderb der Ware.

Auch wenn die Hersteller der Siegelbeutel auf den Beuteln auf die vielfältigen Lagermöglichkeit hinweisen (24 h im Kühlschrank, Gefriertauglichkeit etc.): bitte nicht!

Das richtige Einfrieren wird ab Seite 22 beschrieben.

Lächelnde Kundin – so soll es sein!

VERPACKUNG – WAS AM ENDE ÜBRIGBLEIBT

Immer mehr Verbraucher machen ihre Kaufentscheidung auch von der Verpackung des Produktes abhängig bzw. entscheiden sich gegen übermäßig verpackte Ware.

Das Ziel ist also eine möglichst sparsame Einwegverpackung oder, im besten Fall, gar keine Einwegverpackung.

Leider sehe ich oft ein überdimensionales Verpacken von Kleinstmengen. Nicht nur stehen die Verpackungskosten in keinem Verhältnis zum Einkaufswert, es ist obendrein umweltschädlich und absolut gegen den Trend!

In meiner Kindheit wurde der Fisch in Zeitungspapier eingewickelt – zugegeben, ein extremer Vergleich. Aber es lohnt sich, über Alternativen nachzudenken.

Auch wenn Mehrweg-Boxen oder vielleicht eine eigene Pfandverpackung umständlicher sind: Es wäre eine zukunftsweisende Arbeitsweise.

GLOSSAR

Ammoniak
Eine chemische Stickstoffverbindung, welche stark riechen kann.

Blanchieren
Kurzzeitiges Kochen in siedendem Salzwasser, um beispielsweise Häute oder Schalen leichter zu entfernen.

Bouillon
Brühe, gewonnen durch das Auskochen von Karkassen, Gräten und Suppengemüse.

Ceviche
Ein aus der peruanischen Küche mit Fruchtsäure mariniertes Fischgericht.

Convenience
Engl. für Komfort, Bequemlichkeit, Verbraucherfreundlichkeit.

Court-Bouillon
Gut abgeschmeckte Brühe aus Wasser, Essig, Weißwein, Gemüse.

Darne
Dicke Scheibe aus dem Mittelstück (hinter dem Kopf bis zum Ende der Bauchhöhle) von Fischen, teilweise am Bauch geschlossen.

Farce
Füllung aus fein gehacktem oder gemahlenem Fisch.

Filetausbeute
Anteil an verwertbarem Muskelfleisch nach dem Filetieren, üblicherweise angegeben in Prozent.

Flossenträger oder Flossenstütze
Skelettelemente, an welchen die Flossenstrahlen gelenkig ansitzen.

Fond
Extrakt, der beim Auskochen von Fisch oder Schalen- und Krustentieren gewonnen wird. Zur Verwendung für Suppen und Soßen.

Kulinarisch
Die Kochkunst betreffend.

Gebeizt
Trocken oder nass eingeriebener oder eingelegter Fisch, zur Haltbarmachung und Geschmacksgebung.

GMO
Gemeinsame Marktorganisation der EU-Landwirtschaftsminister.

Halbfabrikat
Halbfertiges Erzeugnis, welches in seinem Zustand zwischen Rohstoff und Fertigfabrikat ist. Einzelne Verarbeitungsschritte sind erfolgt und weitere folgen noch.

Harnstoff
Stoffwechselprodukt von Proteinen.

Hältern
Das zeitlich begrenzte Aufbewahren von lebendigen Fischen, Krusten- und Weichtieren in sauberem Wasser, unter Berücksichtigung von Tierwohl und Tierschutz.

Heißräuchern
Mit Temperaturen über 60 °C (im Kern) räuchern.

Inverkehrbringen
Etwas verkaufen, anbieten, in den Warenfluss geben.

Kaltrauchern
Mit Temperaturen unter 30 °C räuchern.

Karkassen
Das Gerippe von Fisch, Krustentieren und Geflügel.

Karlsruher Schema
Bewertungsschema zur sensorischen Qualität.

Kragenknochen
Knochen unmittelbar hinter dem Kiemenbogen, welcher nach dem Köpfen am Körper oder Filet verbleibt.

LEH
Abk. Lebensmitteleinzelhandel

Osmose
Einseitige Passage von Wasser oder Lösungen durch eine Membran.

Parieren
Fischereierzeugnisse von nicht essbaren Teilen befreien und zurechtschneiden.

Pochieren
Langsames Garziehen bei Siedehitze, ohne zu kochen.

POS
Abk. Point of Sale, Verkaufsort

Rund-Fisch
Die Körperform ist im Querschnitt rund.

Sashimi
Japanische Zubereitung von rohem Fisch und Meeresfrüchten.

Schlachtkörper
Ganzer Körper des Fisches nach dem Ausbluten und Ausnehmen.

Sushi
Japanische Zubereitung aus kaltem Reis/gesäuertem Reis mit beispielsweise Fisch oder Meeresfrüchten.

Toten-Starre *(rigor mortis)*
Auch Leichenstarre, ist die nach dem Tod eintretende Erstarrung der Muskeln.

Trimmen
Fischereierzeugnisse von nicht essbaren Teilen befreien und zurechtschneiden.

Zyste (biologisch)
Feste Verkapselung, die von Pflanzen/Tieren als Schutzvorrichtung zum Überdauern ungünstiger Lebensbedingungen gebildet wird.

ÜBER DEN FISCHMEISTER

Der Fischereimeister Lars Müller erlernte 1995 den Beruf Fischwirt in der Forellen- und Karpfenteichwirtschaft Birnbaum in Epfenhausen. Dort lernte er das traditionelle Handwerk der Fischveredelung, wie das Filetieren und Räuchern von heimischen Süßwasserfischen.

Nach der Ausbildung zog es ihn in die Ferne, nach Israel, auf eine Fischzucht des Kibbutz Kfar Masaryk.

Wieder in Deutschland arbeitete er beim Landesamt für Umwelt, in der Teichwirtschaftlichen Versuchsanlage Wielenbach. Hier sammelte Lars Müller u. a. Erfahrungen im Gewässerschutz und der Renaturierung von Fließgewässern. Parallel zu diesen Aufgaben erwarb er seinen Meister in der Fachrichtung Fischhaltung und Fischzucht, dem 2005 ein Studium zum Wirtschaftsingenieur für Agrarmarketing- und Management an der Fachhochschule Weihenstephan folgte.

Seine erweiterten Kenntnisse setzte er in darauffolgenden Jahren erfolgreich bei namhaften Firmen wie der basic AG, der Lidl Stiftung und der METRO AG in den Bereichen Produktmanagement, Entwicklung Private Label und Vertrieb ein.

Doch der Wunsch wieder mehr in der Urproduktion und der traditionellen Fischerei arbeiten zu können, setzte sich durch: Seit 2012 arbeitet Lars Müller wieder als Fischereimeister u. a. am Starnberger See.

In seiner Tätigkeit am Institut für Fischerei setzt er fischereiliche Gutachten mit um, ist im Prüfungsausschuss für den Beruf Fischwirt/Meister und untersucht bayernweit Gewässer auf ihren fischökologischen Zustand.

Zudem ist er Fachlehrer für die Bereiche Fischverarbeitung und Fischereitechnik am beruflichen Zentrum Starnberg.

Neben seiner Tätigkeit arbeitet Lars Müller erfolgreich als Trainer für Fisch & Seafood, gibt Mitarbeiterschulungen, Inhouse-Seminare, Kochkurse, Verarbeitungs- und Veredelungsworkshops, Verkaufsförderungsmaßnahmen und Fachvorträge.

Aus unserem Programm

ISBN 978-3-7020-1511-4

ISBN 978-3-7020-1770-5

ISBN 978-3-7020-1897-9

ISBN 978-3-7020-1697-5

Leopold Stocker Verlag
Graz – Stuttgart
www.stocker-verlag.com

Aus unserem Programm

ISBN 978-3-7020-1135-2

ISBN 978-3-7020-1806-1

ISBN 978-3-7020-1669-2

ISBN 978-3-7020-1726-2

Leopold Stocker Verlag

Graz – Stuttgart

www.stocker-verlag.com